Dalila Titouna

Maitrise de la solution nutritive dans les cultures hors sol

Dalila Titouna

Maitrise de la solution nutritive dans les cultures hors sol

Presses Académiques Francophones

Impressum / Mentions légales
Bibliografische Information der Deutschen Nationalbibliothek: Die Deutsche Nationalbibliothek verzeichnet diese Publikation in der Deutschen Nationalbibliografie; detaillierte bibliografische Daten sind im Internet über http://dnb.d-nb.de abrufbar.
Alle in diesem Buch genannten Marken und Produktnamen unterliegen warenzeichen-, marken- oder patentrechtlichem Schutz bzw. sind Warenzeichen oder eingetragene Warenzeichen der jeweiligen Inhaber. Die Wiedergabe von Marken, Produktnamen, Gebrauchsnamen, Handelsnamen, Warenbezeichnungen u.s.w. in diesem Werk berechtigt auch ohne besondere Kennzeichnung nicht zu der Annahme, dass solche Namen im Sinne der Warenzeichen- und Markenschutzgesetzgebung als frei zu betrachten wären und daher von jedermann benutzt werden dürften.

Information bibliographique publiée par la Deutsche Nationalbibliothek: La Deutsche Nationalbibliothek inscrit cette publication à la Deutsche Nationalbibliografie; des données bibliographiques détaillées sont disponibles sur internet à l'adresse http://dnb.d-nb.de.
Toutes marques et noms de produits mentionnés dans ce livre demeurent sous la protection des marques, des marques déposées et des brevets, et sont des marques ou des marques déposées de leurs détenteurs respectifs. L'utilisation des marques, noms de produits, noms communs, noms commerciaux, descriptions de produits, etc, même sans qu'ils soient mentionnés de façon particulière dans ce livre ne signifie en aucune façon que ces noms peuvent être utilisés sans restriction à l'égard de la législation pour la protection des marques et des marques déposées et pourraient donc être utilisés par quiconque.

Coverbild / Photo de couverture: www.ingimage.com

Verlag / Editeur:
Presses Académiques Francophones
ist ein Imprint der / est une marque déposée de
AV Akademikerverlag GmbH & Co. KG
Heinrich-Böcking-Str. 6-8, 66121 Saarbrücken, Deutschland / Allemagne
Email: info@presses-academiques.com

Herstellung: siehe letzte Seite /
Impression: voir la dernière page
ISBN: 978-3-8381-7699-4

Maitrise de la solution nutritive dans les cultures hors sol.

Par

Dalila Titouna

Table des matières

CHAPITRE 2 : MODELISATION DE L'ECOULEMENT DANS LE
SUBSTRAT : MODELE DES PUITS ET DES SOURCES.

CHAPITRE 3 : MOUVEMENT DE L'EAU DANS LE SUBSTRAT DE
CULTURE, THEORIE ET IMPLEMENTATION NUMERIQUE.

CHAPITRE 4 : MOUVEMENT DU SOLUTE DANS LE SUBSTRAT DE CULTURE, THEORIE ET IMPLEMENTATION NUMERIQUE.

5

Avant-propos

La composition des substrats de culture et les techniques de fertilisation subissent actuellement des changements énormes. Ceci dû aux problèmes imposés par le contrôle de l'environnement (pollution des nappes souterraines,..). Un intérêt important est donc donné aux systèmes de culture où les rejets de solutions nutritives vers l'extérieur sont limités.

L'utilisation des milieux de culture artificiels nécessite le contrôle de l'environnement racinaire de la plante d'où une étude des propriétés hydrauliques et chimiques des substrats de culture est essentielle.

Durant ces dernières années, les propriétés physiques et chimiques des substrats de culture reçoivent une attention considérable. L'étude de la dynamique de l'eau et des éléments nutritifs dans les systèmes de culture hors sol est importante car elle permet de gérer l'apport de solution nutritive dans le temps et dans l'espace et donc de suivre en principe les besoins de la plante au cours de ses cycles végétatifs successifs, elle permet aussi la conception des substrats de cultures.

Les substrats de culture hors sol sont des milieux poreux, souvent granulaires, comme la perlite, la pouzzolane ou fibreux, comme la laine de verre ou de roche qui servent comme réserve hydrique et minérale à la plante ainsi que de support mécanique.

La gestion de la nutrition impose donc d'intervenir dans des délais restreints de l'ordre de l'heure et de connaître l'évolution du contenu de la composition du milieu racinaire pour adapter les apports aux besoins.

L'utilisation de la laine de roche, en tant que substrat de culture, est courante car elle permet d'offrir à la plante une alimentation hydrique sans rétention matricielle dans un volume faible. Par opposition à un sol où l'eau est moins facilement disponible et repartie sur un grand volume.

Cependant, la nécessité d'un taux de drainage élevé (20% à 30%), chargé d'évacuer les accumulations ioniques est une source de gaspillage et de pollution.

Le premier chapitre présente brièvement les avantages de la culture hors sol par rapport à la culture en plein champ, les différents types de substrat de culture : minéraux et organiques, naturels et artificiels ainsi que les caractéristiques physiques et chimiques de ces substrats.

Dans le second chapitre, on modélise les écoulements dans le substrat de culture en empruntant la théorie des écoulements potentiels et ceci par la méthode de superposition des écoulements (sources et puits).

Le troisième chapitre, se rapporte sur la simulation des écoulements dans deux types de substrat de culture de laine de roche (Floriculture à haute densité et Expert à faible densité) par le biais d'un programme numérique écrit en langage Fortran, il se base sur la méthode des volumes finis et résout l'équation fondamentale du transport de l'eau dans les milieux poreux dite équation de Richards. En tenant compte de la géométrie du substrat proposé et les caractéristiques hydrauliques des deux types du substrat, les distributions d'eau en deux dimensions sont présentées dans ce chapitre.

Le quatrième chapitre est réservé à la résolution de l'équation de convection-dispersion pour le transport de soluté dans un milieu poreux, par une méthode explicite. Les distributions de la concentration du soluté en deux dimensions sont présentées dans ce chapitre.

Remerciements

Je remercie le Professeur Saadi Bougoul pour ses encouragements, son aide ainsi que la pertinence de ses remarques qui ont été sans conteste à l'origine de la réalisation de ce travail.

A la mémoire de mon cher père

Liste des symboles

Symbole	Intitulé	Unité
Alphabet grec		
ε	Porosité.	$L^3 L^{-3}$
θ	Teneur en eau volumique.	$L^3 L^{-3}$
ψ	Fonction de courant.	$L^2 T^{-1}$
ω	Vecteur tourbillon.	$L^2 T^{-1}$
ϕ	Potentiel de vitesse.	$L^2 T^{-1}$
α^*	Coefficient d'absorption.	-
δ	Distance entre deux points.	L
θ_s	Teneur en eau volumique de saturation.	$L^3 L^{-3}$
θ_r	Teneur en eau volumique résiduelle.	$L^3 L^{-3}$
α	Paramètre de forme.	L^{-1}
λ	Paramètre de forme.	-
τ	Tortuosité.	-
δ_{ij}	symbole de Kronecker.	-
θ_l	Paramètre adimensionnel.	-
Alphabet latin		
a_L	Dispersivité longitudinale.	L
a_T	Dispersivité transversale.	L
a,b	Paramètres du modèle de transpiration.	-
C	Capacité capillaire.	L^{-1}
c_r	Constante de proportionnalité.	-

Liste des symboles

c	Concentration du soluté.	$M\,L^{-3}$
c_f	Concentration de la solution d'apport.	$M\,L^{-3}$
c_D	Concentration de drainage.	$M\,L^{-3}$
c_0	Concentration initiale.	$M\,L^{-3}$
$c.e.b$	Capacité en bac.	-
$D^{"}$	Tenseur de dispersion mécanique.	$L^2 T^{-1}$
$D^{'}$	Tenseur de diffusion moléculaire.	$L^2 T^{-1}$
D_h	Tenseur de dispersion hydrodynamique.	$L^2 T^{-1}$
$D_{i,j}$	Composante (i,j) du tenseur de dispersion hydrodynamique.	$L^2 T^{-1}$
D_{xx}	Coefficient de dispersion/diffusion pour le transport dans la direction x dû au gradient de c dans la direction x.	$L^2 T^{-1}$
D_{xz}	Coefficient de dispersion/diffusion pour le transport dans la direction x dû au gradient de c dans la direction z.	$L^2 T^{-1}$
D_{zx}	Coefficient de dispersion/diffusion pour le transport dans la direction z dû au gradient de c dans la direction x.	$L^2 T^{-1}$
D_{zz}	Coefficient de dispersion/diffusion pour le transport dans la direction z dû au gradient de c dans la direction z.	$L^2 T^{-1}$
D_0	Coefficient de diffusion moléculaire dans l'eau libre.	$L^2\,T^{-1}$
D_a	Déficit de saturation.	$M\,L^{-1}T^{-2}$
dt	Pas de temps.	T
dx, dy	Pas d'espace.	L
ETP	Evapotranspiration potentielle.	MT^{-3}
f_1, f_2	Paramètres adimensionnels.	-
h_l	Hauteur du substrat.	L
H	Charge hydraulique totale.	L
h	Charge de pression ou succion.	L
K	Conductivité hydraulique.	$L\,T^{-1}$
K_S	Conductivité hydraulique à saturation.	$L\,T^{-1}$
K_r	Conductivité hydraulique relative.	-

k	Pas de temps de discrétisation.	T
l	Longueur du substrat.	L
L	Longueur du substrat.	L
L_d	Longueur de la densité racinaire.	L
L_r	Hauteur du substrat de culture.	L
L_{nrd}	Densité racinaire relative.	-
m_L	Masse de la phase liquide.	M
m_S	Masse de la phase solide.	M
m, n	Paramètres de forme.	-
Q	Débit volumique par unité de longueur.	$L^2 T^{-1}$
Q^*	Densité totale du soluté.	$M L^{-3}$
Q_m	Masse totale du soluté.	M
$Q^{'}$	Débit volumique d'eau.	$L^3 T^{-1}$
q_x	Composante horizontale de la densité du flux d'eau.	$L T^{-1}$
q_0	Densité du flux d'arrosage.	$L T^{-1}$
q_Z	Composante verticale de la densité du flux d'eau.	$L T^{-1}$
q_s	Densité du flux massique du soluté.	$M L^{-2} T^{-1}$
q_{sx}	Direction horizontale de q_s.	$M L^{-2} T^{-1}$
q_{sz}	Direction verticale de q_s.	$M L^{-2} T^{-1}$
q	Densité du flux volumique d'eau ou vitesse de Darcy.	$L T^{-1}$
R_g	Rayonnement global.	$M T^{-3}$
S	Surface de la section.	L^2
S_e	Teneur en eau volumique relative.	-
S_w	Quantité d'eau absorbée par la plante.	$L^3 L^{-3} T^{-1}$
S_s	Quantité de soluté absorbée par la plante.	$M L^{-3} T^{-1}$
S_{max}	Taux maximal de l'extraction spécifique de l'eau.	$L^3 L^{-3} T^{-1}$
T_p	Transpiration.	$L T^{-1}$

Liste des symboles

t	Temps.	T
V	Vecteur vitesse.	$L T^{-1}$
u, v, w	Composantes de la vitesse.	$L T^{-1}$
V_r, V_θ	Composantes de la vitesse en coordonnées polaires.	$L T^{-1}$
$v.e.r$	Volume d'eau total retenu.	L^3
$v.a.p$	Volume apparent du pain.	L^3
V_S	Volume de la phase solide.	L^3
V_L	Volume de la phase liquide.	L^3
V_G	Volume de la phase gazeuse.	L^3
w'	Humidité massique rapportée au matériau sec.	$M M^{-1}$
w''	Humidité massique rapportée au matériau humide.	$M M^{-1}$
W	Module de la vitesse.	$L T^{-1}$
z_g	Charge gravitationnelle.	L
z_r	Profondeur normalisée.	-

Chapitre 1

Culture hors sol et substrats de culture

Introduction

La culture hors sol a été initialement une technique de laboratoire visant à étudier en détail le fonctionnement des plantes. Elle a été utilisée ensuite chez les producteurs à partir des années 70 pour s'affranchir des parasites telluriques qui devenaient une menace croissante. Mais l'essor actuel de cette technique sur une grande quantité d'espèces cultivées en serres (rose, tomate, concombre, poivron,...) est principalement motivé par les progrès de productivité et par l'amélioration de la qualité des récoltes (Lesaint., 1987). Ces progrès résultent d'une meilleure disponibilité d'eau et des éléments minéraux, apportés sous forme d'une solution nutritive qui assure les besoins complets de la plante dans des substrats souvent inertes. Mais cette disponibilité ne s'obtient qu'au prix d'une gestion précise des apports car les substrats utilisés sont de faible capacité.

La culture hors sol est utilisée tout autant pour faciliter l'accès à la nourriture de populations démunies que dans les projets de station spatiale. Sans être à ces extrêmes, les plantes citadines vivent dans un environnement hostile, mal nourries par un sol appauvri ou périodiquement brûlé par des excès d'engrais qui les étouffe. Les techniques de culture hydroponique, qui n'utilisent pas de sol pour la culture en pots, constituent pour les plantes, la réponse idéale aux contraintes de la vie urbaine.

En effet, les techniques de culture hydroponique facilitent l'emploi d'engrais et d'additifs naturels, ainsi que des traitements biologiques contre les éventuels insectes nuisibles, grâce à cette technique on peut faire pousser une multitude de végétaux tout en leur permettant de fournir 100% de leur potentiel génétique.

1.1 Avantages de la Culture Hors Sol

Ce procédé présente de nombreux avantages :

- Des rendements très supérieurs

- Le substrat est inerte et reste aéré,
- Le dosage en éléments nutritifs peut être optimisé pour la variété cultivée,
- Le risque de sécheresse est moindre, le substrat retient plus d'eau que le sol (80% de son volume dans le cas de la laine de roche),
- Inversement, aucun risque de noyer les racines. Une fois saturé d'eau, le substrat qui reste perméable, laisse s'écouler le trop plein,
- Les insectes du sol ne s'installent pas dans un substrat inerte,
- Les germes des maladies ne s'implantent pas, ou au pire, se propagent mal dans cet environnement organiquement stérile.

- Moins de travail et d'entretien

- Les substrats sont plus légers, que le sol,
- Les substrats ne contiennent pas de graines ni d'insectes indésirables,
- Les substrats sont plus simples à manipuler que le sol,
- Un « sol » parfaitement propre et optimisé pour recevoir des racines,
- Des contraintes de surface minimales,
- Des arrosages moins fréquents.

1.2 Substrats de culture

Le terme de substrat en agriculture s'applique à tout matériau, naturel ou artificiel qui, placé en conteneur, pur ou en mélange, permet l'encrage du système racinaire et joue ainsi vis-à-vis de la plante, le rôle de support.

16

En tant que support de la plante, tout matériau solide peut éventuellement être utilisé comme substrat dans la mesure où il est compatible avec un développement normal du système racinaire (Blanc, 1985). Plusieurs types de substrats se présentent :

1.2.1 Matériaux organiques naturels

a- Les tourbes

Ce sont des matériaux d'origine végétale, essentiellement organiques : mousses, plantes vasculaires, plantes à fleurs et feuillus. On distingue les tourbes fibreuses, semi fibreuses et humifiées, de couleur blonde, brune ou noire. La quantité de fibres, leur finesse et le degré de décomposition sont en corrélation avec les propriétés fondamentales des tourbes (Bottraud, 1980), notamment le comportement mécanique (élasticité, retrait), hydrique (rétention d'eau, aération) et chimique (teneur en azote et rapport carbone/azote).

Propriétés : La tourbe à une densité apparente qui passe de 0.05 à 0.5, sa porosité totale varie de 40% à 90%, pour la rétention en eau : 100g de tourbe absorbent entre 400g et 1500g d'eau (Ravoux et Peter, 1973), le rapport C/N : Carbone /azote est de 20 à 50 et le PH eau varie de 3.8 à 7.5.

Dans le choix des tourbes, on donnera la priorité à celles qui présentent la fibrosité la plus importante et dont la texture est la plus grossière. Ces caractéristiques dépendent du gisement exploité mais aussi du mode d'exploitation et du traitement industriel (Fournier, 1979 et Marion, 1982). La tourbe blonde en particulier, est un matériau de choix pour les cultures hors sol mais si elle présente des avantages (rétention d'eau, très faible densité, absence de parasites), on peut aussi lui rapprocher certains inconvénients tels que la préparation initiale (neutralisation), les difficultés de désinfection et son évolution physico-chimique en cours de culture qui compromet sa durabilité.

17

Culture hors sol et substrats de culture.

b- Les écorces

Les difficultés d'approvisionnement en tourbes blondes ont incités les horticulteurs à rechercher des produits organiques de substitution bon marché. C'est le cas des écorces provenant des industries du bois (scieries, papeteries). Diverses écorces ont été testées dans le monde : hêtre, sapin, eucalyptus, pin, …

L'écorce peut être mise en œuvre à l'état frais, après broyage et/ou calibrage ou compostée avec des tourbes et d'autres sous produits de l'industrie. Sa composition est très variable selon l'origine de l'écorce et on préfère souvent composter un mélange d'écorces broyées (50% à 60%) et de tourbe, additionné d'azote, de phosphore et de potasse (Chilton et al, 1978).

Propriétés : L'écorce de pin est un substrat léger (densité inférieure à 400 kg/m^3 à l'état humide) très poreux, aéré mais à faible rétention d'eau. Les caractéristiques varient en fonction du calibrage et du compostage (Lemaire et al, 1980). Le pouvoir tampon est deux à quatre fois plus faible que celui d'une tourbe, le PH dans l'eau est compris entre 4 et 5.5 ce qui peut nécessiter une neutralisation avant culture (Veschambre et al, 1982), le rapport C/N : Carbone /azote est très élevé (entre 100 et 200) ce qui constitue un inconvénient majeur pour les écorces fraîches qui, en se décomposant, consomment beaucoup d'azote au détriment de la plante (Muller, 1971), pour cela il faut augmenter la fertilisation azotée de 30% à 40% pour éviter une carence en cours de culture.

1.2.2 Matériaux minéraux naturels

a- Sables et graviers

Ces granulats minéraux destinés à la construction et aux travaux publics sont tirés des carrières (granite, basalte, calcaires durs) concassés puis calibrés pour donner des grains anguleux aux arrêtes vives, d'autres sont tirés de rivières

18

(gravières ou sablières) une fois calibrés, les grains sont arrondies ou émoussées. Ce sont en général des produits siliceux contenant des matériaux calcaires.

Propriétés : Les sables sont constitués de grains compris entre 0.2 et 2 mm, les graviers entre 2 et 20 mm. La densité apparente est supérieure à 1.5. La porosité totale est inférieure à 50%. Les sables inférieurs à 0.5 mm ont une bonne rétention d'eau, mais sont très asphyxiants. La présence de Limon et d'argile en faible proportion (enrobements) améliore à la fois la rétention d'eau et la porosité pour l'air. Les sables grossiers et les graviers ont une faible capacité tampon pour l'eau. Pour un substrat organo-minéral aéré, drainant et à bonne rétention d'eau, il faut accroître la proportion de sables grossiers ou de graviers (exemple tourbe 20% + gravier 80%). Les sables calcaires contenant des minéraux lourds ont vis-à-vis de la solution nutritive une réactivité non négligeable. Un lavage préventif à l'acide est nécessaire pour purifier le produit avant la mise en culture (Hewitt, 1966).

La stabilité mécanique des sables et graviers est excellente, et leur réemploi ne pose aucun problème car ils sont très faciles à désinfecter et à nettoyer. La durabilité est de l'ordre de plusieurs années.

b- Pouzzolanes

Ce sont des débris magmatiques projetés dans l'atmosphère au cours des phases éruptives. Selon la viscosité du magma, la pression des gaz et la vitesse de refroidissement on obtient des catégories différentes de produits (Geoffray et Valladeau, 1977) dont les plus importantes: les cendres (0 à 20 mm), les ponces (2 à 50 mm) et les scories (10 à 100 mm).

Propriétés : La granulométrie varie selon les gisements et pour chaque gisement selon la position dans le cône volcanique. La masse volumique apparente est comprise entre 400 et 1300 Kg/m^3 selon les dimensions et selon les variétés de pouzzolane. Son pH est d'environ 7. Sa granulométrie varie suivant les gisements et les techniques d'exploitation.

Cependant, le calibre moyen fréquemment utilisé en horticulture est de 4 à 7 mm. Sa porosité pour l'eau varie entre 7 et 13 % et celle pour l'air est de 60% (Monnier, 1975).

Les pouzzolanes sont par conséquent des matériaux à forte porosité grossière et fermée, retiennent peu d'eau et ont une forte aération. Ils sont des matériaux riches en éléments mineurs: les scories volcaniques sont riches en silice, en phosphore et en oligo-éléments (Dron et Brivot, 1977).

La pouzzolane offre pour les cultures hors-sol les avantages d'un milieu très bien aéré, de grande stabilité et durabilité, chimiquement inerte, initialement exempt de pathogènes et ultérieurement facile à désinfecter, il peut être utilisé plusieurs années et facilement recyclable. Parmi les inconvénients en plus de la faible rétention d'eau, l'absence du pouvoir tampon qui peut être grave lorsque la solution nutritive est mal contrôlée (Zuang et al, 1979). Actuellement, en support de culture, il est surtout utilisé en mélange avec la tourbe (25% de tourbe + 75% de pouzzolane).

1.2.3 Matériaux minéraux artificiels ou traités

La plupart de ces produits ont été mis au point pour l'isolation thermique et acoustique des bâtiments. Ce sont des matériaux expansés ou extrudés par un procède industriel qui vise à obtenir des fibres et des granulats légers, très poreux pouvant être incorporés dans la construction (l'air sec contenu dans les pores est un très bon isolant). Le procédé de fabrication par voie thermique a pour inconvénient d'élever le prix de revient des substrats, mais pour avantage de fournir des matériaux homogènes, stériles et de qualité constante.

a- Perlite

C'est un sable siliceux volcanique qui, chauffé brutalement à 1000-1100°C pendant 5mn, fond et gonfle d'environ vingt fois son volume initial, par vaporisation de l'eau combiné (2 à 5 % d'eau). On obtient des perles blanches vitreuses, très poreuses (Moinereau et al, 1985).

Propriétés : C'est un matériau très peu dense, sa masse volumique apparente ainsi que sa rétention d'eau varient selon la granulométrie, une perlite grossière (>3mm) offre une faible disponibilité en eau et une forte aération. Sa résistance mécanique est très faible, il faut éviter un malaxage mécanique trop vigoureux au cours de la fabrication. La durabilité du matériau en culture est fonction de qualité de la perlite : une durée minimale de 4 ans est effective en culture florale.

D'un point de vue chimique, la perlite est un substrat inerte, car elle est dépourvue de capacité d'échange et par conséquent de pouvoir tampon vis-à-vis de la nutrition de la plante (Moinereau et al, 1985).

b- Vermiculite

C'est un mica (silicate d'alumine magnésien et potassique en feuillet) expansé par choc thermique ; le chauffage à 1100°C provoque une vaporisation brutale des molécules d'eau interfoliaires, ce qui entraîne un gonflement des lamelles de 10 à 12 fois l'épaisseur initiale

Propriétés : Le comportement hydrique de la vermiculite est proche de celui de la perlite, au contraire les propriétés chimiques et le comportement mécanique sont assez éloignés, c'est un substrat tamponné, très actif d'un point de vue physico-chimique dont le pH est pratiquement neutre (pH 7 à 7.5). En cours de culture, on observe un tassement important, le milieu peut devenir asphyxiant et sa durabilité est limitée à quelques cultures (De Boodt et al, 1981).

c- Argile expansée

C'est un produit obtenu par granulation et chauffage à 1100°C de nodules d'argile humide. Par ébullition brutale de l'eau, on obtient des boulettes dures et poreuses (Heymans, 1980).

Propriétés : Comme dans la pouzzolane, sa porosité est grossière et fermée. De ce fait sa rétention d'eau est faible et varie selon la granulométrie utilisée.

21

Par contre c'est un matériau très aéré. L'argile cuite est un produit inerte, neutre, sans capacité d'échange et à très longue durabilité. Les granulats d'argile expansée peuvent entrer dans la fabrication des mélanges à base de tourbe.

d- Laine de roche

Ce produit dont l'intérêt agronomique a été appréhendé au Danemark est commercialisé sous le nom de GRODAN. Il est fabriqué par extrusion d'un mélange fondu à 1600°C comprenant des roches basaltiques (Diabase), du calcaire et du coke dans le rapport massique 4-1-1 (Verdure, 1981). A partir des fibres pontées entre elles par un polymère urée/formol et éventuellement enrobés d'un mouillant.

C'est un produit très utilisé en cultures en sol de tomate, concombre, poivron, gerbera et rose. Il est parfois utilisé en mélange, à hauteur de 10 à 30 %, ou le plus souvent, seul, en système avec ou sans recyclage de solutions nutritives. Un matériau de même nature est fabriqué en France par la société ISOVER et commercialisé sous le nom de CULTILENE (tableau1.1).

Tableau 1.1 : Composition élémentaire de deux types de laine de roche en %

Désignations	GRODAN	CULTILENE
SiO_2	47	41.8
CaO	16	41.0
Al_2O_3	14	11.0
MgO	10	3.7
FeO	8	0.8
Na_2O	2	-
TiO_2	1	0.4
MnO	1	0.5
K_2O	1	-
S	-	0.3

Propriétés : Les fibres de verre de très peu diamètre (5µm) ont une grande surface spécifique et ne sont pas totalement insolubles. D'un point de vue chimique la laine de roche peut être considérée comme un substrat inerte sauf envers le cuivre qu'elle fixe partiellement (Moinereau et al, 1985). Elle est neutre ; cependant elle réagit avec les solutions nutritives et libère, dans un premier temps du calcium, du magnésium et surtout du fer et du manganèse (Moinereau et al, 1985). Pour Ca^{++} et Mg^{++}, les quantités libérées sont faibles par rapport aux concentrations normales de la solution nutritive. Pour le fer et le manganèse par contre, elles sont plus importantes et il faut en tenir compte pour préparer la solution nutritive (Verdure, 1981). La présence de silicate et d'oxyde de calcium entraîne une alcalinisation du milieu, au début de la mise en culture (7 < pH < 8.5). Etant donné la CEC très faible il suffit de saturer le matériau 48 heures avant la mise en place de la culture pour obtenir une neutralisation. Ce milieu de culture permet un bon encrage des racines. L'absorption des nutriments par la plante est directement fonction de l'apport par la solution nutritive, puisque ce substrat ne fixe pas les éléments minéraux.

Sur le plan physique, ce matériau a une porosité très élevée (de l'ordre de 85 à 90 %). Sa rétention en eau est élevée mais aussi celle ci est très faiblement retenue ; c'est pourquoi il n'y a aucun intérêt à utiliser des pains de forte épaisseur (au delà de 10 cm) qui peuvent présenter une assez grande hétérogénéité entre lots.

La laine de roche est un matériau très poreux, à rétention d'eau très élevée pour les très faibles succions. Du fait de cette faible énergie de succion liée à la porosité grossière, la répartition horizontale et verticale de l'air et de l'eau est inégale dans le substrat.

La capacité en bac dépend très étroitement de l'épaisseur et de la forme du support (dimension des pains de laine de roche).

Pour des supports minces sous irrigation permanente, la teneur en eau peut être excessive et la teneur en air très faible, mais d'autre part l'absence de pouvoir tampon pour l'eau n'assure aucune sécurité en cas d'interruption de l'irrigation (Riviere, 1980). Dans les supports épais, les équilibres air eau sont inversés avec saturation à la base du substrat. En pratique on utilise des pains de 7.5 cm, qui après saturation par une solution nutritive, montrent une répartition approximative de 2/3 d'eau et 1/3 d'air dans le volume poreux total du pain (Verdure, 1981). C'est donc un substrat sans pouvoir tampon qui demande une parfaite maîtrise de la nutrition minérale et hydrique en culture hors sol.

La laine de roche n'est pas rigide, sa stabilité mécanique est médiocre, sa durabilité limitée : 1 à 2 cultures (Urban, 1997). Par contre sa maniabilité, sa légèreté et son conditionnement facilitent les manipulations, ce qui réduit d'autant la main d'œuvre, en plus l'absence de parasites telluriques facilite sa désinfection par le bromure de méthyle ou la vapeur surchauffée.

Les caractéristiques physiques des substrats minéraux traités sont illustrées dans le tableau 1.2

Tableau 1.2 : Caractéristiques physiques des substrats minéraux traités.

Désignation	Vermiculite	Perlite	Laine de roche	Argile expansé
Densité apparente	0.12	0.09	0.09	0.81
Porosité totale % volume	95.4	96.4	96.7	96.4
Rétention d'eau % volume				
10 mbars	42.3	34.6	81.8	34.6
31 mbars	37.4	27.8	4.3	27.8
100 mbars	34.5	22.6	4.0	22.6
Disponibilité en eau % volume				
10-100 mbars	7.8	12.0	77.8	12.0
Teneur en air % volume 10 mbars	53.1	61.8	14.9	61.8

L'utilisation de la culture hors sol avec une bonne maîtrise de la nutrition a déjà permis d'améliorer le rendement et la qualité des produits de récolte. On peut citer l'exemple du rendement de **la tomate** hors sol qui a augmenté d'un facteur quatre par rapport à une culture en plein sol sous le même abri (Brun, 1995).

Le concombre cultivé en hors sol sur laine de roche est capable de donner des rendements beaucoup plus importants qu'avec la culture classique au sol (45 kg/m^2 au lieu de 25 kg/m^2) dans la mesure où les solutions nutritives utilisées sont adaptées à la physiologie de la plante aux différents stades de sa croissance.

1.3 Propriétés physiques des substrats

Ces propriétés physiques interviennent dans le fonctionnement du végétal par l'intermédiaire de la rétention de la solution nutritive (nutrition minérale, alimentation en eau) et de l'aération des racines. Les principales propriétés physiques sont la porosité, la capacité de rétention d'air et la capacité de rétention d'eau (Gras, 1985).

1.3.1 Porosité

Tous les substrats sont des corps poreux, comportant des cavités de diverses formes et dimensions "vides" dans lesquels se loge le fluide (liquide, gaz) sous l'effet de forces capillaires.

La porosité totale est le rapport du volume des vides existant dans un volume total (volume apparent) donné de matériaux, le terme total indiquant qu'il s'agit de la somme du volume de la phase solide (volume réel) et du volume des vides (phase liquide et phase gazeuse) ou volume poral. La porosité s'exprime en fraction ou en pourcentage du volume total.

$$\varepsilon = \frac{V_{vides}}{V_{total}} = \frac{V_L + V_G}{V_S + V_L + V_G} \tag{1.1}$$

Où

ε est la porosité.

V_S, V_L, V_G sont les volumes respectivement des phases solide, liquide et gazeuse.

25

A cause des actions capillaires, d'autant plus intenses que les pores sont plus fins, l'eau n'est retenue que dans les pores les plus étroits. Ceci à conduit à subdiviser la porosité totale en microporosité dans laquelle l'eau est retenue et en macroporosité pratiquement toujours occupée par l'air.

Masses volumiques

La masse volumique apparente est la masse de l'unité du volume total du matériau.

La masse volumique réelle est la masse de l'unité de volume réel du solide.

1.3.2 Capacité de rétention d'air

Les racines respirent de façon aussi importante qu'elles ont besoin d'eau, elles ont besoin d'air pour survivre et avoir une activité cellulaire.

La capacité de rétention d'air d'un substrat est déterminée par la grosseur des pores. On distingue deux types de pores, soit les micropores (petits pores) et les macropores (gros pores). On peut dire qu'au delà de 30 à 60 microns de diamètre les pores sont suffisamment gros pour faire partie des macropores. Dans un substrat, les macropores sont toujours occupés par l'air alors que les micropores sont occupés par l'eau (Vallée, 1999).

La teneur en air est complémentaire de la teneur en eau, puisque ces deux fluides se partagent l'espace poral. On a donc la relation :

Porosité totale (%vol) = humidité (%vol) + teneur en air (%vol)

Elle sera de préférence supérieure à 5% pour les usages agricoles, afin d'éviter une asphyxie racinaire (l'oxygène est nécessaire à l'absorption hydrique et minérale par la plante).

Tandis que l'eau est consommée en masse par les racines, la teneur en air modifie seulement l'atmosphère du milieu poreux en n'intervenant que sur deux de ses composants, l'oxygène qui est absorbé et le gaz carbonique qui est rejeté.

1.3.3 Capacité de rétention d'eau

La teneur en eau d'un substrat exprime le volume d'eau contenu rapporté au volume total du substrat. Cette teneur vaut 100% à l'état saturé et décroît au fur et à mesure que la plante prélève du liquide. Elle est assurée par la présence des micropores dans le substrat, qui sont responsables de la force de capillarité. Une très grande rétention d'eau est néfaste, car elle se fait au détriment de la capacité de rétention d'air, ce qui entraine une asphyxie des racines et une perte de rendement (Vallée, 1999).

Les diverses expressions de la teneur en eau sont :

- L'humidité massique rapportée au matériau sec est le rapport de la masse d'eau à la masse du matériau sec appelé aussi humidité absolue :

$$w' = \frac{m_L}{m_S} \tag{1.2}$$

- L'humidité massique rapportée au matériau humide est le rapport de la masse d'eau à la somme de la masse du matériau et la masse d'eau :

$$w'' = \frac{m_L}{m_S + m_L} \tag{1.3}$$

- L'humidité volumique est le rapport du volume d'eau au volume total du substrat appelée aussi teneur en eau volumique :

$$\theta = \frac{V_L}{V_{total}} \tag{1.4}$$

Capacité en bac

C'est l'humidité moyenne d'un substrat qui a été préalablement saturé et laissé en drainage libre, une fois que l'écoulement de l'eau sous forme liquide a cessé.

La pesanteur, responsable d'un profil de pression hydraulique au sein du substrat, ne permet pas en général aux forces de capillarité de maintenir une teneur en eau de 100% dans la totalité du substrat initialement gorgé d'eau.

27

Le substrat posé sur un support drainant perd une partie de son liquide et sa teneur en eau se stabilise à une valeur appelée "capacité en bac".

La capacité en bac (c.e.b) est le rapport de volume d'eau total retenu (v.e.r) au volume apparent du pain (v.a.p) (Bougoul, 1996) :

$$c.e.b = \frac{v.e.r}{v.a.p}$$

(1.5)

1.4 Propriétés chimiques des substrats

La nature chimique d'un substrat peut éventuellement permettre un transfert de solutés au profit de la solution et donc vers la plante. C'est le cas des tourbes qui subissent une nitrification bactérienne. Le transfert ionique peut avoir lieu de la plante vers le substrat et modifier celui-ci. De tels substrats sont dits reactifs. Un substrat qui ne donne lieu à aucun transfert est dit "inerte".

1.4.1 Effet chimique

Il s'agit généralement de réactions de dissolution ou d'hydrolyse de constituants minéraux, selon divers mécanismes.

L'eau peut réagir sur une surface solide, soit à l'état moléculaire (H_2O) soit à l'état ionisé ($H_3O^+ + OH^-$). Des sels tels que les chlorures ($NaCl$) ou les sulfates ($CaSO_4$) se dissolvent et leurs ions passent dans l'eau parce qu'il s'établit des liaisons polaires (ions- H_2O) plus fortes que les liaisons cristallines. En solution, ils gardent leurs charges et sont enveloppés d'une coque de molécules d'eau (André, 1987).

D'autres minéraux réagissent plus fortement et s'hydrolysent, l'un de leurs ions formant une combinaison chimique avec l'eau. Le composé nouveau mis en solution peut provoquer une réaction d'acidification ou d'alcalisation.

Les nouveaux composés qui résultent de ces réactions peuvent être quelque fois défavorables pour l'opération d'absorption racinaire. On peut avoir d'autres effets:

1.4.2 Effet physico-chimique:

Des réactions de surface provoquent des transferts d'ions à double sens entre la phase liquide et la phase solide du substrat.

Dans le cas de la laine de roche lors d'un premier contact avec la solution nutritive, elle libère du calcium, du magnésium en faibles quantités et du fer et du manganèse en quantités plus importantes dont il faut tenir en compte pour préparer la solution nutritive pendant la première utilisation. Les dimensions de la laine de roche ont un rôle important pour l'irrigation. Les petites dimensions nécessitent une irrigation permanente, la teneur en eau peut être excessive et la teneur en air trop faible, la faiblesse de la réserve n'assure alors aucune sécurité en cas d'irrigation interrompue (Riviere, 1980). Pour les plus grandes dimensions, le contact air-eau est mieux assuré car seule la base du substrat est saturée.

Le choix du substrat dépend de la priorité que l'on donne à l'une ou l'autre de ses caractéristiques. La laine de roche de 7.5 cm de hauteur compte parmi les substrats qui ont la plus grande teneur en eau (92%) et la plus faible teneur en air (5%) à la capacité en bac. Comme elle assure une réserve hydrique notable pour des épaisseurs de 7 à 10 cm avec une très faible rétention matricielle de l'eau, elle est souvent utilisée pour les cultures hors sol de rosiers et de tomates.

Certaines laines de verre plus rigides, permettent de réduire la teneur en eau au profit de la teneur en air, ce qui est utile pour des plantes plus sensibles à l'asphyxie. De matériaux granuleux de fort calibre, comme certaines pouzzolanes ou perlites, ont une teneur en eau encore plus faible, assurant une meilleure aération et leur présentation en vrac facilite leur désinfection et leur réutilisation.

1.5. Evolution des caractéristiques du substrat en cours de culture :

Le développement des racines a un effet sur le substrat de laine de roche. Celles-ci tendent à augmenter le rapport microporosité /macroporosité, ce qui accroît la rétention d'eau. Par contre la structure du matériau peut se dégrader sous l'influence des arrosages ou par la pression exercée par le matériel d'arrosage ce qui diminue la rétention d'eau (Gras, 1985). Apres deux à trois saisons d'utilisation, la remise en capacité maximale du substrat par des apports en provenance des goutteurs n'est plus possible, en raison des pertes de capillarites dans les zones sèches (Jaffrin, 1992).

Pour éviter le desséchement de surface et la prolifération d'algues, les pains de laine de roche sont emballés dans un film plastique, de préférence opaque et blanc extérieurement.

Généralement, chaque pain d'un mètre de longueur supporte une série de plants qui sont arrosés individuellement par un goutteur. L'évacuation de la solution ancienne se fait par une fente de drainage, en aménageant une légère pente le long da la rangée de la plantation.

Lors de la première utilisation, la solution d'apport doit compenser une légère alcalinisation du substrat de laine de roche (Moinreau, 1985). Un pain de laine de roche imbibé n'est plus un isolant thermique et sa température reste proche de celle de l'ambiance (Jannequin, 1987).

Pour qu'une plante soit bien alimentée, il faut qu'il existe au niveau de son système radiculaire un bon équilibre entre l'air, l'eau et les éléments minéraux.

La plante a un pouvoir sélectif d'absorption. Cette sélectivité peut induire des déséquilibres chimiques dans le substrat qui résultent :

- Soit de l'absorption privilégiée d'un élément par rapport aux autres.

- Soit de la différence entre la concentration de l'élément dans la solution et la concentration de l'absorption de la plante (Brun et Blanc, 1987).

La laine de roche d'épaisseur supérieure à 7.5 cm ayant une forte capacité de réserve, l'arrosage au goutte à goutte, qui intervient après une perte d'eau de moins de 10% du volume total ne permettra pas le remplacement immédiat de la solution ancienne par la nouvelle. Il est donc important de s'assurer que le contenu chimique du milieu racinaire n'a pas subi de dérive trop grande. Cela se fait en contrôlant fréquemment la composition de la solution de drainage et en ajustant en conséquence la solution d'apport (Brun et al, 1992).

1.6. Pilotage de la nutrition hydrique et minérale :

La culture hors sol permet le contrôle des apports et la diminution des rejets vers l'extérieur. En disposant d'un substrat de culture initialement stérile, elle permet de s'affranchir des problèmes de contamination des sols précédemment cultivés.

L'inconvénient de cette technique est d'ordre économique: remplacement du substrat après une à trois saisons de culture (plantes saisonnière) ou à chaque nouvelle culture (5 à 7 ans pour des rosiers). Pour assurer une gestion fine des apports des progrès considérables ont été faits dans l'automatisation de l'irrigation et de la nutrition minérale.

Plusieurs modes de consignes pour le déclenchement de l'irrigation existent :

1.6.1. Consigne d'irrigation liée au climat :

La consommation d'eau est liée linéairement au rayonnement interceptant la surface du couvert végétal, (Mermier et al, 1970) a proposé pour l'évapotranspiration la relation suivante :

$$ETP = aR_g + b \qquad\qquad (1.6)$$

Où : a et b sont des paramètres de transpiration déterminés expérimentalement.

R_g est le rayonnement global.

Pour une meilleure précision (Boulard, 1993) introduit le déficit de saturation entre la feuille et l'air ambiant et obtient :

$$ETP = aR_g + b.D_a \qquad\qquad (1.7)$$

Ces relations sont obtenues soit par une pesée continue de la quantité d'eau absorbée par la plante, soit par mesure de la différence entre apport et drainage.

Culture hors sol et substrats de culture.

1.6.2. Consigne d'irrigation liée à l'état du substrat :

Le volume d'apport de solution est fonction de la capacité de rétention du substrat. La teneur en eau résiduelle peut être suivie à l'aide de tensiomètre dont l'utilisation est plus délicate dans les substrats saturés (Baille, 1989 ; Ballas et Garnier, 1991), ou en suivant le taux de drainage (De Graaf, 1988) indique que le taux de drainage en dessous de 20% peut provoquer une augmentation dangereuse de la salinité, tandis qu'une augmentation excessive coûte cher et peut provoquer une asphyxie racinaire.

La technique du hors sol nécessite un contrôle continu de la solution qui s'écoule au drainage afin d'éviter les dérives de salinité dans le milieu racinaire, tout en limitant les rejets vers l'extérieur qui provoquent une pollution des eaux de surface et des nappes souterraines.

1.6.3. Consigne d'irrigation liée à la plante :

La plante absorbe de l'eau et des éléments minéraux dans un rapport variable. Des qu'il y a stress climatique ou salin, la plante diminue brutalement sa conductance stomatique et la demande transpiratoire est intense qui a pour effet de contracter les diamètres des tiges. Des capteurs sont utilisés pour suivre la variation de ces paramètres.

L'adaptation de la solution nutritive à la demande instantanée de la plante est faisable, ce qui permet de soustraire la plante à toute carence minérale ou stress salin (Bougoul et al., 1999).

La qualité de la fertirrigation est assurée par le choix du taux de drainage et de la concentration d'apport ainsi une correction automatique de l'électroconductivité d'apport en fonction de l'électroconductivité de drainage permet d'éviter les risques d'accidents de salinité et de réduire le coût de fertilisation (Brun et al., 1992).

Chapitre 2
Modélisation de l'écoulement dans le substrat :
Modèle des puits et des sources

Introduction

Dans de nombreux cas, notamment lorsque les zones où la viscosité intervient ont une étendue négligeable, les écoulements obtenus respectent bien les conditions des fluides parfaits, et éventuellement les conditions d'irrotationnalité. C'est ce qui fait l'importance pratique de l'étude de tels écoulements.

Un modèle numérique d'écoulements de solution saline dans un milieu poreux saturé, représentant un substrat de culture parallélépipédique, a été développé pour rendre compte des visualisations par colorants et prédire l'évolution de la concentration de la solution en chaque point du substrat, une superposition de puits et de sources a permis de traiter analytiquement le problème de Darcy, correspondant à une injection ponctuelle et un point de drainage localisé, elle a donné une illustration des lignes de courant, du champ de vitesse ainsi que la forme du bulbe d'irrigation.

L'étude bidimensionnelle consiste, en supposant que le milieu étant saturé, à modéliser l'écoulement dans le substrat rectangulaire par l'équation de Darcy linéaire, et à utiliser le principe de superposition d'écoulements simples pour satisfaire les conditions aux limites à savoir une vitesse normale nulle le long des limites du domaine et donc des lignes de courant qui suivent les frontières du substrat. Pour cela, on utilise le modèle de superposition de puits et de sources emprunté de la dynamique des écoulements potentiels à deux dimensions des fluides parfaits, qui satisfont à l'équation de Laplace strictement équivalente à la loi de Darcy.

En effet le modèle le plus simple, basé sur une source et un puits, qui correspondent respectivement à un point d'apport et de drainage localisés et fixes, ne satisfait pas les conditions aux limites.

Pour un fluide sans viscosité obéissant à l'équation d'Euler, il existe une classe d'écoulements particulièrement simples, les écoulements sans vorticité, pour lesquels on sait que le vecteur vitesse dérive d'un potentiel ϕ. L'analyse de l'écoulement peut être effectuée à l'aide d'une seule fonction ϕ. Lorsque l'écoulement est incompressible, on peut facilement montrer que cette fonction est solution de l'équation de Laplace.

2.1 Loi de comportement dynamique : loi de Darcy

Ingénieur chargé de l'alimentation en eau de la ville de Dijon, en 1856 Henry Darcy étudia l'écoulement de l'eau dans des colonnes de sable et montra l'existence d'une relation linéaire entre la densité du flux et le gradient de pression hydrostatique, figure 2.1.

Cette relation constitue le fondement de l'hydrodynamique des milieux poreux (Calvet, 2003). Elle exprime le débit total Q' transitant au travers de la colonne comme le produit de sa section S, du rapport de la différence de la charge totale ΔH existant entre ses extrémités à sa longueur L et d'un coefficient de proportionnalité K_s appelé perméabilité hydraulique du milieu et plus généralement la conductivité hydraulique à saturation :

$$Q' = S \, K_s \, \frac{\Delta H}{L} \qquad (2.1)$$

La vitesse moyenne d'écoulement ou densité de flux q est exprimée par :

$$q = \frac{Q'}{S} = V = K_s \, \frac{\Delta H}{L} \qquad (2.2)$$

Le potentiel total est défini, comme la somme des potentiels de pression et de gravité, soit en terme de charge :

$$H = h + z_g \qquad (2.3)$$

34

La loi de Darcy a été établie dans des conditions d'écoulement particulières qui limitent sa validité (Musy et Souter, 1991). Les principales hypothèses sont les suivantes :

- Matrice solide homogène, isotrope et stable,
- fluide homogène, isotherme et incompressible,
- énergie cinétique négligeable,
- régime d'écoulement permanent,
- écoulement laminaire.

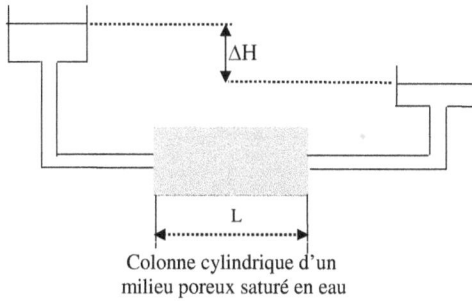

Colonne cylindrique d'un
milieu poreux saturé en eau

Fig. 2.1   Schéma d'un dispositif permettant de mettre en évidence la loi de Darcy.

L'expression de la loi de Darcy se généralise à trois dimensions, soit sous forme vectorielle, par :

$$V = -K_S \ grad \ H \tag{2.4}$$

Le flux s'exprime dans le cas général par un vecteur dont les trois composantes sont :

$$u = -K_S \ \frac{\partial H}{\partial x} \tag{2.5}$$

$$v = -K_S \ \frac{\partial H}{\partial y} \tag{2.6}$$

$$w = -K_S \ \frac{\partial H}{\partial z} \tag{2.7}$$

La présence du signe négatif dans ces expressions résulte du fait que la direction de l'écoulement, donc celle du flux, correspond à la direction du potentiel total décroissant.

2.2 Equation de continuité

L'équation de continuité établit le bilan de la quantité d'eau qui traverse un élément de sol ou substrat, figure 2.2. Si on considère un champ de vitesses variables et un élément de sol, et si u est la composante horizontale et v est la composante verticale de la vitesse, le bilan de l'eau qui traverse l'élément du sol représenté par la surface (A) permet d'établir la relation :

$$\overbrace{u\,\Delta y + v\Delta x}^{flux\;entrant} = \overbrace{(u+\Delta u)\,\Delta y + (v+\Delta v)\,\Delta x}^{flux\;sortant} \tag{2.8}$$

En réorganisant les termes on obtient :

$$\frac{\Delta u}{\Delta x} + \frac{\Delta v}{\Delta y} = 0 \tag{2.9}$$

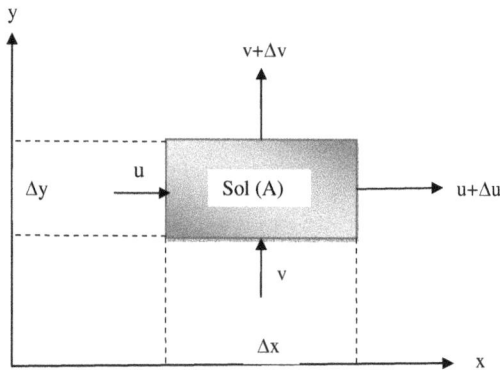

Fig. 2.2   Conservation de masse dans un écoulement bidimensionnel

Pour les écoulements incompressibles, stationnaires ou instationnaires, l'équation de conservation de masse (continuité) sous la forme différentielle est donnée par :

$$\nabla .V = 0 \tag{2.10}$$

36

2.3 Lignes de courant et lignes équipotentielles

2.3.1 Lignes de courant : on appelle ligne de courant ψ une ligne définie par la condition d'être en tous ses points tangente au vecteur vitesse.

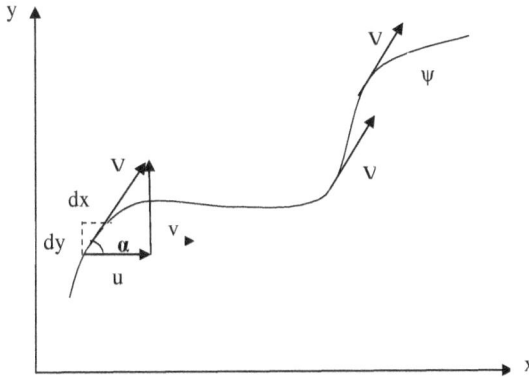

Fig. 2.3 Schéma d'une ligne de courant

A partir de la figure 2.3, on a :

$$tg\alpha = \frac{v}{u} = \frac{dy}{dx} \tag{2.11}$$

D'où on peut dire que :

$$u\,dy - v\,dx = 0 \tag{2.12}$$

Il y a une infinité de lignes de courant qui satisfont à la condition d'être tangente aux vecteurs vitesses, elles se distinguent les unes des autres par une simple constante additive, ce qui permet de dire que la dérivée totale de ψ est nulle c'est-à-dire :

$$d\psi = \frac{\partial \psi}{\partial x}dx + \frac{\partial \psi}{\partial y}dy = 0 \tag{2.13}$$

En comparant l'équation (2.12) et l'équation (2.13) on obtient :

$$u = \frac{\partial \psi}{\partial y}$$
$$v = -\frac{\partial \psi}{\partial x} \tag{2.14}$$

Les propriétés les plus importantes des lignes de courant (Nzakimuena, 1987) sont :

- la composante de vitesse, normale (perpendiculaire) aux lignes de courant, est nulle car ces lignes sont en tous points tangentes aux vecteurs vitesses. Pour cela chaque ligne de courant peut être considérée comme une frontière imperméable pour l'écoulement.
- Deux lignes de courant ne se croisent jamais, si elles ont la même valeur elles se confondent.
- La différence des cotes des deux lignes de courant donne le débit volume par unité de hauteur.

2.3.2 Lignes équipotentielles

Le champ de vitesse de l'écoulement est irrotationnel dans les régions spatiales où :

$$\omega = \frac{1}{2} rotV = \frac{1}{2} \nabla \Lambda V = 0 \qquad (2.15)$$

Cette équation donne la condition nécessaire et suffisante pour que le potentiel de vitesse ϕ puisse exister. On peut dire que les vitesses dérivent de la fonction ϕ et écrire :

$$V = \nabla \phi \qquad (2.16)$$

Ou bien :

$$u = \frac{\partial \phi}{\partial x}$$
$$v = \frac{\partial \phi}{\partial y} \qquad (2.17)$$

Un écoulement irrotationnel est par conséquent aussi appelé écoulement potentiel.

La fonction ϕ définit, à chaque instant t une ligne équipotentielle. La différence des cotes des deux équipotentielles donne la circulation le long de toute ligne joignant ces deux équipotentielles.

Les lignes $\phi = cte$ et $\psi = cte$ constituent un réseau orthogonal.

2.4 Réseaux d'écoulement

Un réseau d'écoulement est utilisé pour montrer le domaine physique d'écoulement, avec toutes ses frontières dans le plan (x,y), sur lequel sont superposées les lignes de courant et les équipotentielles (Nzakimuena, 1987).

Si on introduit l'équation de Darcy (2.4) dans l'équation de conservation (2.10) et l'équation (2.16) dans (2.10), on établit ainsi l'équation de Laplace :

Pour les charges :

$$\frac{\partial^2 H}{\partial x^2} + \frac{\partial^2 H}{\partial y^2} = 0 \tag{2.18}$$

Pour les potentielles :

$$\frac{\partial^2 \phi}{\partial x^2} + \frac{\partial^2 \phi}{\partial y^2} = 0 \tag{2.19}$$

La fonction ψ satisfait également à l'équation de Laplace quand on admet également la condition d'irrotationnalité de l'écoulement dont l'expression est :

$$\frac{\partial u}{\partial y} - \frac{\partial v}{\partial x} = 0 \tag{2.20}$$

Dans les milieux poreux homogènes, isotropes et saturés, satisfaisant à l'écoulement de Darcy, les problèmes peuvent être complètement étudiés à partir de l'équation de Laplace, qui est par conséquent très générale pour ce genre d'écoulement.

2.5 Propriétés de l'équation de Laplace

Une fonction qui satisfait l'équation de Laplace est dite harmonique (Brun, 1968), parmi ces propriétés :

- la somme de deux fonctions harmoniques est une fonction harmonique en effet l'équation de Laplace est linéaire ce qui signifie que le principe de superposition est applicable. Il est donc possible de construire des solutions plus complexes par une superposition de solutions simples. Soit par exemple

Modélisation de l'écoulement dans le substrat. Modèle des puits et des sources.

$f(x, y)$ et $g(x, y)$ deux solutions qui vérifient $\Delta f = 0$ et $\Delta g = 0$, il s'ensuit que la fonction $\phi = f + g$ est aussi une solution de $\Delta \phi = 0$.

- Une fonction harmonique ne possède pas de points stationnaires, c'est-à-dire qu'elle ne passe jamais par un maximum ou un minimum à l'intérieur du domaine ou elle est définie. Il s'en suit que les valeurs maximales et minimales de cette fonction peuvent apparaître uniquement à la frontière de l'écoulement.

- Une fonction harmonique est entièrement déterminée dans un domaine par ses valeurs sur la frontière de ce domaine, ce qui rend un problème défini par l'équation de Laplace un problème aux limites.

2.6 Méthodes d'analyse des problèmes aux limites

Avant l'apparition des grands ordinateurs et l'utilisation des méthodes numériques, des méthodes analytiques ont été élaborées, dont les solutions consistent à trouver une expression mathématique de ϕ, de ψ ou de H qui doit satisfaire l'équation de Laplace et les conditions aux limites imposées. Parmi ces méthodes (Ryming, 1985), on dispose :

a- Méthodes de superposition de plusieurs écoulements : Il existe une série de solutions élémentaires de l'équation de Laplace. On peut construire la solution d'un problème aux limites par une superposition de ces solutions élémentaires ainsi pour déterminer la fonction de courant ψ (respectivement le potentiel de vitesse ϕ), on additionne les fonctions de courant (respectivement les potentiels de vitesse) des écoulements élémentaires (écoulements uniforme, source, puits, dipôle ou vortex).

b- Méthodes de séparation des variables : Par la séparation des variables de l'équation de Laplace on obtient un système d'équations différentielles ordinaires. Pour appliquer cette méthode, il faut que les conditions aux limites soient formulées sous une forme séparable.

40

c- Méthodes des images :

Lorsque la géométrie d'un écoulement est définie (les positions des parois solides et les positions et natures des singularités sont connues), on cherche à le redéfinir en utilisant le fait que les parois peuvent être vue comme des lignes de courants $\psi = cte$. La paroi peut alors être remplacée par une singularité (source, puits, dipôle ...) dont on connaît les caractéristiques. Puis on utilise la méthode de superposition pour l'ensemble des écoulements élémentaires présents.

d- Méthodes avec variable complexe et transformation conforme

Par suite de la linéarité de la fonction de Laplace, des combinaisons linéaires de solutions de celle-ci la vérifieront également. On peut donc construire un champ de vitesse d'un problème potentiel en superposant des solutions simples, de façon à satisfaire les conditions aux limites pour la fonction totale. Ainsi le potentiel complexe est obtenu par sommation des potentiels complexes élémentaires.

L'équation de Laplace est linéaire, ce qui signifie que le principe de superposition lui est applicable. Il est donc possible de construire des solutions complexes comme superposition de solutions simples.

2.7 Source ou puits bidimensionnel

Soit un écoulement radial sortant ou entrant engendré par une source ou un puits (Ryming, 1985), l'équation de continuité en coordonnées polaires donne :

$$\frac{\partial V_\theta}{\partial \theta} + \frac{\partial (rV_r)}{\partial r} = 0 \tag{2.21}$$

La nature radiale de l'écoulement implique que :

$$V_\theta = -\frac{\partial \psi}{\partial r} = 0 \tag{2.22}$$

$$rV_r = \frac{\partial \psi}{\partial \theta} = constante = C^{'} \tag{2.23}$$

D'où : $\psi = C^{'}\theta$ \tag{2.24}

41

Le potentiel de la source est obtenu à partir de (2.23)

$$V_\theta = \frac{1}{r}\frac{\partial \varphi}{\partial \theta} = 0 \tag{2.25}$$

$$V_r = \frac{\partial \varphi}{\partial r} = \frac{C'}{r} \tag{2.26}$$

D'où : $\varphi = C' \ln r$ \hfill (2.27)

La constante C' est exprimée en fonction du débit Q de la source par :

$$Q = 2\pi \, rV_r = 2\pi C' \tag{2.28}$$

Où Q est donné par unité de longueur (m^2.s^{-1})

En résumé on obtient :

$$\varphi = \frac{Q}{2\pi}\ln r \quad \text{et} \quad \psi = \frac{Q}{2\pi}\theta \tag{2.29}$$

$$V_r = \frac{Q}{2\pi r} \quad \text{et} \quad V_\theta = 0 \tag{2.30}$$

Donc les lignes de courant sont des rayons $\theta = constante$ et les lignes équipotentielles sont des cercles $r = constante$, figure 2.4.

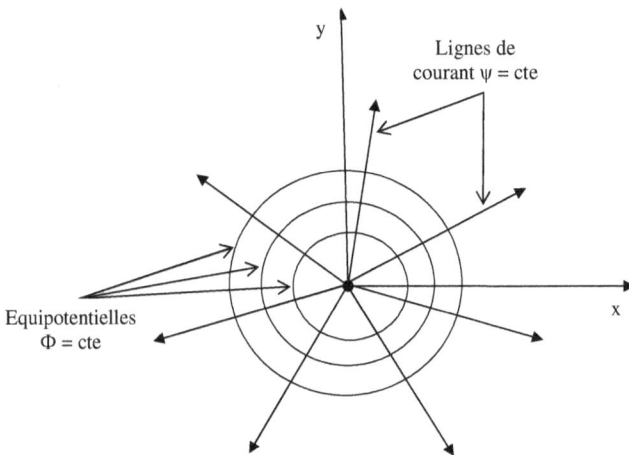

Fig. 2.4 Source plane avec ses lignes de courant et les équipotentielles constants

Pour une source située en un point Q(a,b) dans le plan x,y et sachant que r désigne la distance entre la source et un point P(x,y) et θ l'angle défini par la figure 2.5, on obtient :

$$\varphi = \frac{Q}{2\pi} ln\left[(x-a)^2 + (y-b)^2\right]^{1/2} \tag{2.31}$$

$$\psi = \frac{Q}{2\pi} arctg \frac{(y-b)}{(x-a)} \tag{2.32}$$

$$u = \frac{Q}{2\pi} \left(\frac{x-a}{(x-a)^2 + (y-b)^2}\right) \tag{2.33}$$

$$v = \frac{Q}{2\pi} \left(\frac{y-b}{(x-a)^2 + (y-b)^2}\right) \tag{2.34}$$

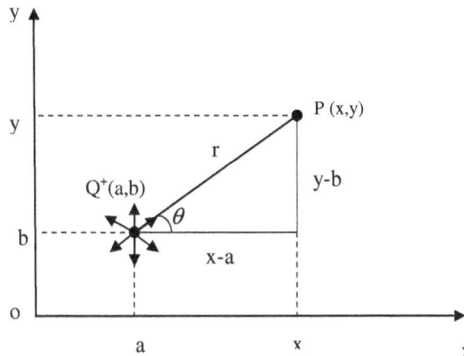

Fig. 2.5 Source situé au point x= a, y= b

Le changement de signe de Q permet de passer d'une source à un puits.

Pour le cas d'une source située en un point Q (a,b) associé à un puits situé en un point P(-a,-b) en coordonnées cartésiennes (Ryming, 1985), on a :

$$\varphi = \frac{Q}{2\pi}\left[ln\left((x-a)^2 + (y-b)^2\right)^{1/2} - ln\left((x+a)^2 + (y+b)^2\right)^{1/2} \right] \tag{2.35}$$

$$\psi = \frac{Q}{2\pi}\left(arctg \frac{y-b}{x-a} - arctg \frac{y+b}{x+a} \right) \tag{2.36}$$

Modélisation de l'écoulement dans le substrat. Modèle des puits et des sources.

$$u = \frac{Q}{2\pi} \left(\frac{x-a}{(x-a)^2 + (y-b)^2} - \frac{x+a}{(x+a)^2 + (y+b)^2} \right) \qquad (2.37)$$

$$v = \frac{Q}{2\pi} \left(\frac{y-b}{(x-a)^2 + (y-b)^2} - \frac{y+b}{(x+a)^2 + (y+b)^2} \right) \qquad (2.38)$$

2.8 Modélisation

Le modèle des puits et des sources issu de la théorie des écoulements incompressibles et irrotationnels de fluides parfaits est maintenant appliqué à des écoulements de type Darcy en milieu poreux saturé. La source représente le point d'apport de la solution nutritive alors que le puits représente celui de drainage (Bougoul S et Titouna D., 2010).

2.8.1. Apport à l'aplomb du point de drainage.

a. Cas d'une source et d'un puits :

a1. Formation des lignes de courant

Les dimensions du substrat sont: hauteur $h_1 = 7.5\,cm$ et longueur $l = 20\,cm$

Pour le cas d'une source et d'un puits situés respectivement aux points $(0, h_l/2)$ et $(0, -h_l/2)$ dans le plan des coordonnées cartésiennes (o, x, y) où h_l est la hauteur du substrat, En superposant la source et le puits, la fonction de courant s'écrit:

$$\psi = \frac{Q}{2\pi} \left(arctg\frac{y - h_l/2}{x} - arctg\frac{y + h_l/2}{x} \right) \qquad (2.39)$$

On constate que le débit n'a aucun effet sur l'allure des lignes de courant. Par raison de symétrie, on les trace sur la moitié du substrat dans le plan (o, x, y). Les courbes obtenues représentent bien l'allure des lignes de courant en figure 2.6.

44

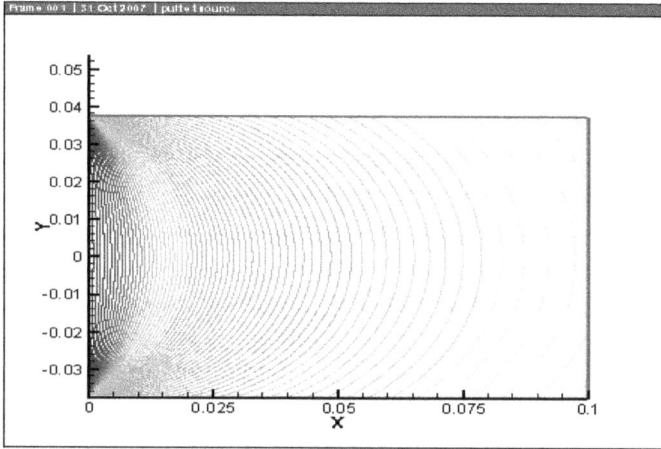

Fig. 2.6 Visualisation des lignes de courant :
Cas d'une source et d'un puits

On constate que la direction des lignes de courant ne respecte pas bien les frontières du substrat de section rectangulaire et ne pourrait s'appliquer qu'à une géométrie de section arrondie bien particulière.

a.2. Calcul de la vitesse

Dans notre cas les expressions des composantes de la vitesse sont données par :

$$u = \frac{Q}{2\pi}\left(\frac{x}{(x^2 + (y - h_1/2)^2)} - \frac{x}{(x^2 + (y + h_1/2)^2)}\right) \tag{2.40}$$

$$v = \frac{Q}{2\pi}\left(\frac{y - h_1/2}{(x^2 + (y - h_1/2)^2)} - \frac{y + h_1/2}{(x^2 + (y + h_1/2)^2)}\right) \tag{2.41}$$

En tout point des lignes de courant, la vitesse a la valeur suivante :

$$W = \sqrt{u^2 + v^2} \tag{2.42}$$

45

La vitesse est symétrique par rapport à l'axe des abscisses et elle est beaucoup plus grande à la position de la source et du puits. Elle est d'autant plus faible que la trajectoire est plus longue.

Les variations des vitesses à l'apport et au drainage sont représentées dans les figures (2.7 et 2.8).

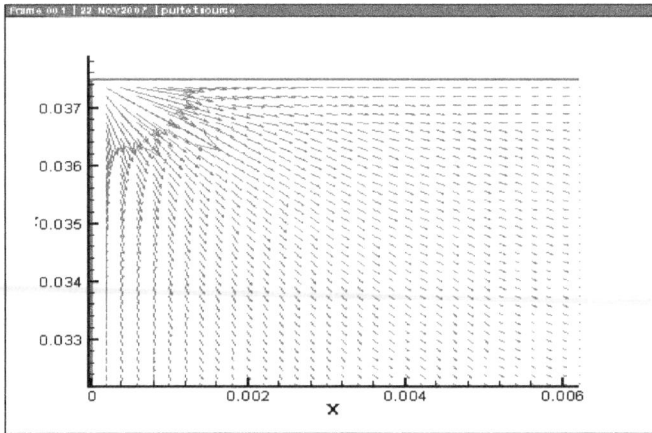

Fig. 2.7 Variation de la vitesse à l'apport

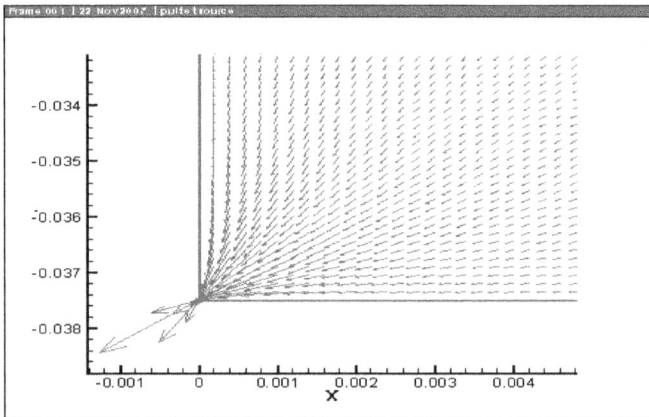

Fig. 2.8 Variation de la vitesse au drainage

b. Cas d'une somme de sources et de puits

Le modèle basé sur une source et un puits ne satisfait pas les conditions aux limites de l'écoulement à simuler. On est amené à disposer un réseau de sources et de puits répartis périodiquement dans le plan (x, y), obtenus comme images les unes des autres par rapport aux frontières du domaine. L'idée est que le vecteur vitesse obéira aux symétries introduites et suivra le contour du substrat.

b.1. Formation des lignes de courant

Les puits et les sources sont disposés comme il est indiqué dans les configurations représentées en figure 2.18. Plusieurs configurations sont à examiner. Pour le traçage de ces courbes, le principe est le même qu'auparavant, la fonction de courant étant décrite par l'équation suivante :

$$\psi = \psi_s + \psi_p \tag{2.43}$$

ψ_s : fonction de courant pour l'ensemble des sources,

ψ_p : fonction de courant pour l'ensemble des puits.

Pour la fonction de courant des sources on a :

$$\psi_s = \frac{Q}{2\pi} \sum_i \sum_j arctg\left(\frac{y - y_s[j]}{x - x_s[i]}\right) \tag{2.44}$$

$x_s[i]$ and $y_s[j]$ représentent respectivement l'abscisse et l'ordonnée de chacune des sources par rapport à l'origine.

Les valeurs maximales atteintes par i et j dépendent de la configuration choisie.

$x_s[i] = (i - m).l$ pour i allant de 1 à n

$y_s[j] = (-1)^{j+1}(2(j-1)+1)\dfrac{h_l}{2}$ pour j allant de 1 à m.

Le nombre entier m caractérise la configuration choisie : $n = 2m - 1$

Le nombre total N de sources où de puits est donné par : $N = m(2m - 1)$

De même pour la fonction de courant des puits:

$$\psi_p = -\frac{Q}{2\pi} \cdot \sum_i \sum_j arctg\left(\frac{y - y_p[j]}{x - x_p[i]}\right) \tag{2.45}$$

$x_p[i]$, abscisse des puits, est ici identique à $x_s[i]$

$y_p[j]$ est l'ordonnée de chaque puits par rapport à l'origine.

$y_p[j] = (-1)^j (2(j-1) + 1)\frac{h_1}{2}$ pour j allant de 1 to m.

Chaque configuration génère ses propres lignes de courant. La configuration est choisie après convergence, le tracé des lignes de courant correspondantes est représenté en figure 2.9. On constate que les lignes de courant épousent bien les contours rectangulaires du substrat.

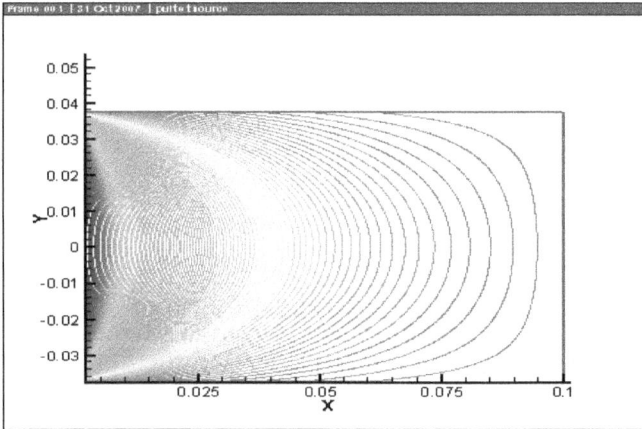

Fig. 2.9 Visualisation des lignes de courant :
Cas d'une somme de sources et de puits

b.2. Calcul de la vitesse

Pour chaque configuration, les expressions des composantes de la vitesse selon les axes sont données par les équations suivantes :

$$u = \frac{Q}{2\pi} \cdot \sum_j \sum_i \left(\frac{x - x_s[i]}{d_s[i,j]} - \frac{x - x_p[i]}{d_p[i,j]} \right) \tag{2.46}$$

$$v = \frac{Q}{2\pi} \sum_j \sum_i \left(\frac{y - y_s[i]}{d_s[i,j]} - \frac{y - y_p[i]}{d_p[i,j]} \right) \tag{2.47}$$

où $\quad d_s[i,j] = (x - x_s[i])^2 + (y - y_s[j])^2 \tag{2.48}$

et $\quad d_p[i,j) = (x - x_p[i])^2 + (y - y_p[j])^2 \tag{2.49}$

Le module de la vitesse est défini par l'équation (2.42). La symétrie est toujours gardée par rapport à l'axe des x et la vitesse est maximale au niveau de la position de la source et du puits. La variation de la vitesse est la même que celle représentée aux figures (2.7 et 2.8).

b.3. Formation du bulbe d'irrigation

On se propose dans ce qui suit d'évaluer la géométrie de ce bulbe d'irrigation, le substrat étant supposé saturé. Pour cela on singularise un temps to au cours de l'apport continu de solution sur le substrat, et on suit la solution ainsi repérée qui chemine vers le point de drainage le long des lignes de courant connues. Sur chacune d'elles, on détermine le temps mis par une particule pour se déplacer d'une distance donnée jusqu'au point de drainage. Les incréments successifs du temps sont gérés par l'équation suivante :

$$t_{i+1} = t_i + \frac{\delta}{V} \tag{2.50}$$

t_{i+1} : temps à la position présente,

t_i : temps à la position précédente,

δ : distance entre deux points successifs d'une ligne de courant,

V : vitesse moyenne entre les deux positions

$$V = \frac{V_{i+1} + V_i}{2} \tag{2.51}$$

Une fois obtenue cette matrice des temps de parcours de la solution injectée à t_o, il suffit de relier les points de même valeur temporelle. L'ensemble des courbes ainsi obtenues permet d'évaluer l'évolution du bulbe d'irrigation au cours du temps figure 2.10, à quelques déformations près qui résultent du manque de précision dans l'allure des lignes de courant et dans la matrice des vitesses. Pour le cas envisagé ici, la solution apportée est de même densité que celle déjà présente dans le substrat, de sorte qu'aucune convection naturelle ne vient se superposer au mouvement forcé du fluide injecté au sein du substrat saturé. Il apparaît des zones de vitesses faibles, le long de chemins anormalement longs (les angles du substrat), de sorte qu'on peut y prédire un moindre renouvellement de solution au cours du temps. Ce bulbe a été évalué expérimentalement (O.Kiffer, 1992) par un volume de solution de colorant apporté par gouttage sur un substrat de laine de roche figure 2.11.

Pour avoir une réduction des zones mortes et un renouvellement de solution meilleur qu'auparavant, un deuxième cas est envisagé.

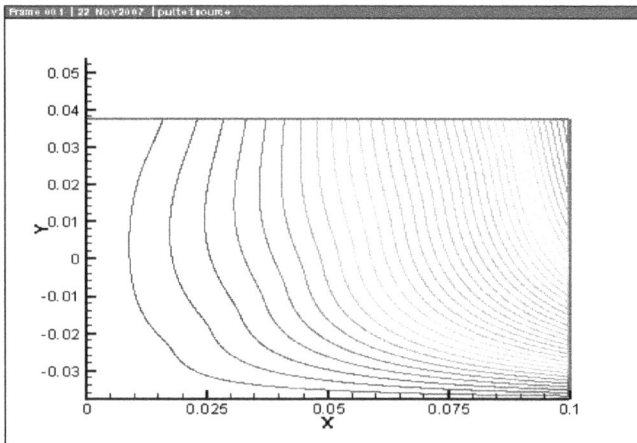

Fig. 2.10 Visualisation de la moitié du bulbe d'irrigation

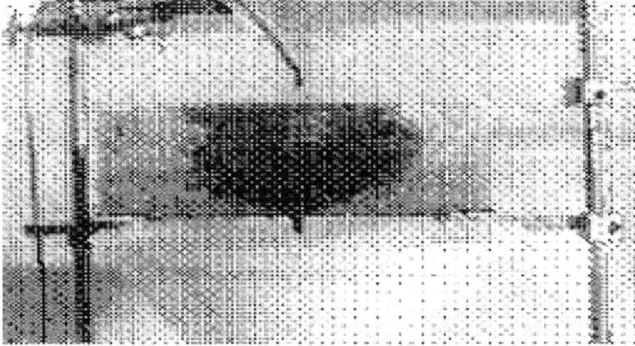

Fig. 2.11 Visualisation expérimentale du bulbe d'irrigation (O.Kiffer, 1992), cas à l'aplomb.

2.8.2. Points de drainage et d'apport décalés

a. Cas d'une source et d'un puits

a1. Formation des lignes de courant

Pour illustrer ce cas, nous considérerons que la source et le puits sont situés aux deux extrémités de la diagonale du substrat. La fonction de courant s'écrit:

$$\psi = \frac{Q}{2\pi}\left(arctg\left(\left(y - \frac{h_l}{2} \right)/\left(x + \frac{l}{2} \right)\right) - arctg\left(\left(y + \frac{h_l}{2} \right)/\left(x - \frac{l}{2} \right)\right)\right) \tag{2.52}$$

Les courbes obtenues sont représentées en figure 2.12.

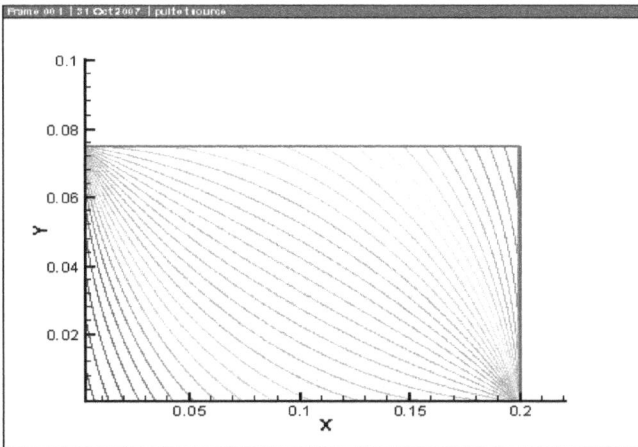

Fig. 2.12 Visualisation des lignes de courant :
Cas d'une source et d'un puits, cas décalé.

51

On remarque que les directions des lignes de courant ne respectent pas bien les frontières du substrat de section rectangulaire et ne s'appliquent qu'à une géométrie de section arrondie.

a2. Calcul de la vitesse

Dans ce cas, les composantes de la vitesse selon les axes s'écrivent :

$$u = \frac{Q}{2\pi} \left(\frac{x + l/2}{(x + l/2)^2 + (y - h_l/2)^2} - \frac{x - l/2}{(x - l/2)^2 + (y + h_l/2)^2} \right) \tag{2.53}$$

$$v = \frac{Q}{2\pi} \left(\frac{y - h_l/2}{(x + l/2)^2 + (y - h_l/2)^2} - \frac{y + h_l/2}{(x - l/2)^2 + (y + h_l/2)^2} \right) \tag{2.54}$$

Le module de la vitesse est donné par l'équation (2.42).

Les variations des vitesses à l'apport et au drainage sont représentées aux figures (2.13 et 2.14).

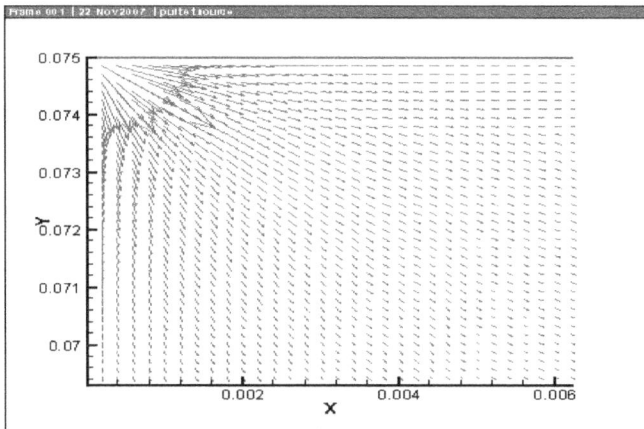

Fig. 2.13 Variation de la vitesse à l'apport, cas décalé

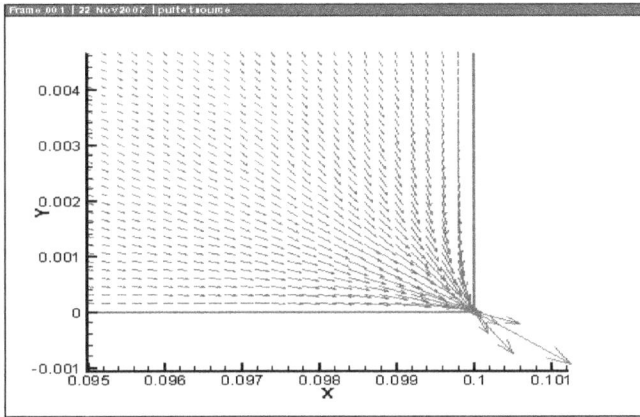

Fig. 2.14 Variation de la vitesse au drainage, cas décalé

b. Cas d'une somme de sources et de puits

b1. Formation des lignes de courant

Comme le modèle fondé sur une source et un puits ne satisfait pas aux conditions aux limites, on est amené à superposer une somme de puits et de sources disposés de façon à contraindre l'écoulement à suivre les frontières du substrat. Les sources et les puits sont disposés comme indiqué en figure 2.18, plusieurs configurations étant à examiner suivant le degré de précision recherché. Pour chaque configuration la fonction de courant s'écrit :

$$\psi = \psi_s + \psi_p \tag{2.55}$$

$$\psi_s = \frac{Q}{2\pi} \sum_i \sum_j arctg\left(\frac{y - y_s[j]}{x - x_s[i]}\right) \tag{2.56}$$

$y_s[j]$ est défini comme ci-dessus $x_s[i] = (-1)^i (2i-1)\frac{l}{2}$ pour i allant de 1 à m.

$$\psi_p = -\frac{Q}{2\pi} \sum_i \sum_j arctg\left(\frac{y - y_p[j]}{x - x_p[i]}\right) \tag{2.57}$$

$y_p[j]$ est défini comme ci-dessus et $x_p[i] = (-1)^{i+1}(2i-1)\frac{l}{2}$ pour i allant de 1 à m.

m représente la configuration choisie. Les courbes sont représentées sur la figure 2.15.

53

Modélisation de l'écoulement dans le substrat. Modèle des puits et des sources.

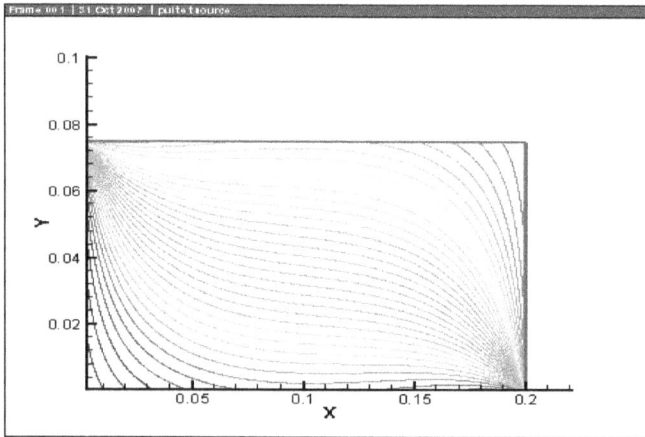

Fig. 2.15 Visualisation des lignes de courant :
Cas d'une somme de sources et de puits, cas décalé

b2. Calcul de la vitesse

Pour chaque configuration, les composantes de la vitesse selon les axes sont données par :

$$u = \frac{Q}{2\pi} \sum_i \sum_j \left(\frac{x - x_s[i]}{(x - x_s[i])^2 + (y - y_s[i])^2} - \frac{x - x_p[i]}{(x - x_p[i])^2 + (y - y_p[i])^2} \right) \tag{2.58}$$

$$v = \frac{Q}{2\pi} \sum_i \sum_j \left(\frac{y - y_s[i]}{(x - x_s[i])^2 + (y - y_s[i])^2} - \frac{y - y_p[i]}{(x - x_p[i])^2 + (y - y_p[i])^2} \right) \tag{2.59}$$

Le module de la vitesse est toujours donné par l'équation (2.42). La variation de la vitesse est la même que celles représentée aux figures 2.13 et 2.14.

b3. Formation du bulbe d'irrigation

Pour l'évaluation du bulbe d'irrigation, on suit la même procédure. Ce bulbe d'irrigation est représenté figure 2.16. On remarque que la solution irrigue de façon plus homogène le substrat, ce qui diminue les zones mortes. Ce bulbe a été évalué expérimentalement (O.Kiffer, 1992) par usage de colorant figure 2.17. En pratique l'étude de la concentration se fait au drainage, elle représente une valeur moyenne d'une couche de fluide au fond du substrat décalé dans le temps. Il serait utile d'avoir une idée sur la variation de la concentration de la solution en chaque point du substrat, ceci est difficile à réaliser expérimentalement. A ce niveau, une approche théorique est plus facile.

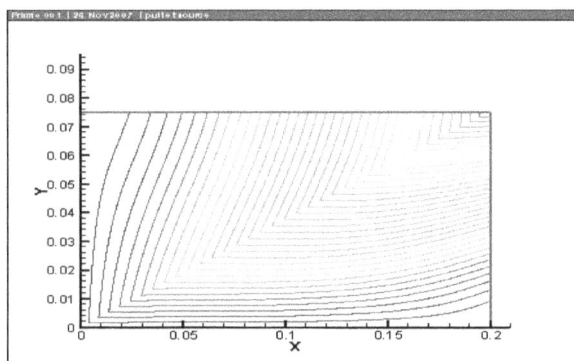

Fig. 2.16 Visualisation du bulbe d'irrigation, cas décalé

Fig. 2.17 Visualisation expérimentale du bulbe d'irrigation (O.Kiffer, 1992), cas décalé.

Modélisation de l'écoulement dans le substrat. Modèle des puits et des sources.

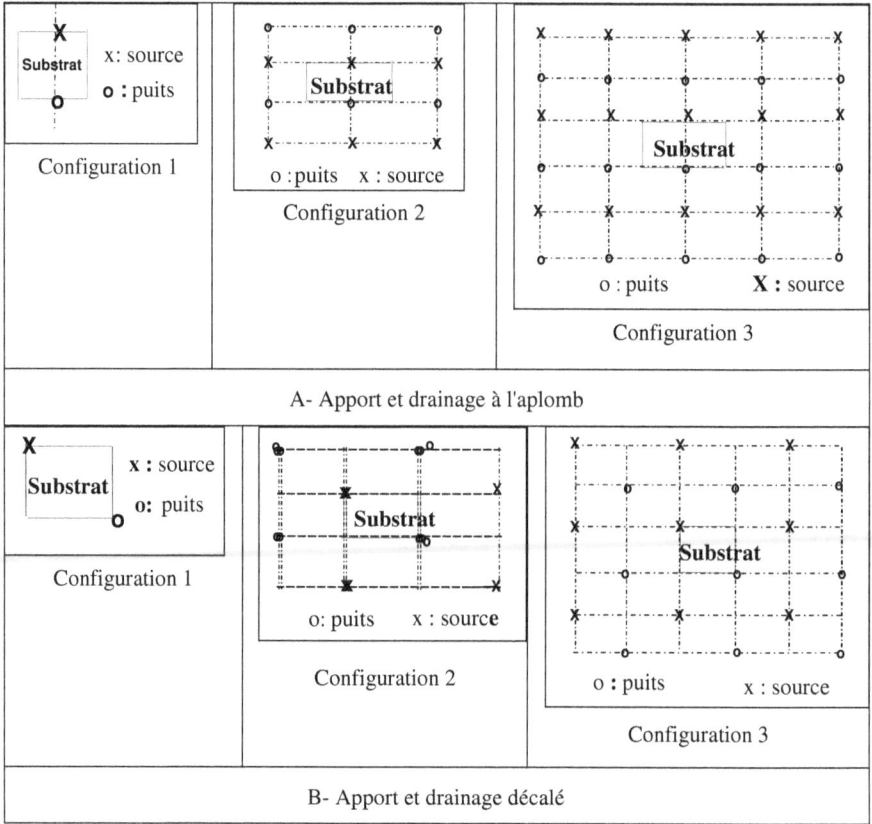

Fig. 2.18 Différentes positions de sources et de puits

2.9. Discussion

Le modèle des puits et des sources donne une description macroscopique de ce qui se passe dans le substrat. Il nous permet également de voir l'allure des lignes de courant et l'hétérogénéité de la vitesse ainsi que la forme du bulbe d'irrigation. Le résultat de la modélisation reproduit assez bien ce qui a été observé lors de visualisations par des colorants. Dans le cas où la source et le puits sont à l'aplomb, on a des zones mortes aux coins et aux côtés latéraux du substrat.

56

Par contre dans le cas décalé, les zones mortes sont réduites, la solution d'apport intéresse alors un plus grand volume du substrat, ce qui permet d'obtenir un meilleur renouvellement de la solution ancienne. Quand on alimente un substrat par une solution de concentration différente de celle qu'il contient, la solution qui pénètre déplace la solution initiale loin en aval de l'interface, puisque le liquide est incompressible et agit comme un piston agissant en amont. Cela provoque au bas du substrat un drainage de solution ancienne exclusivement.

Si l'on examine plus en détail ce qui se passe à l'interface, le piston doit être compris comme étant ajouré (à échelle fine) et un mélange des deux solutions est provoqué par la dispersion bien au delà du volume d'encombrement strict de l'apport de solution. Afin de minimiser les volumes morts mal renouvelés et de provoquer un bon brassage du substrat, il suffit de placer les goutteurs et les fentes de drainage à distance relative éloignée (en diagonale), car les lignes de courant seront de longueur plus uniforme et la dispersion sera plus efficace, pour atténuer les écarts de concentration sur les trajets différents.

L'étude de la concentration au drainage ne permet pas de connaître sa valeur à chaque point du substrat, elle nous donne qu'une valeur moyenne dans une couche de fluide proche du fond du substrat, qui représente la physionomie du substrat avec un certain retard (le délai mis par le front de solution fraîche pour progresser à travers le milieu). Le modèle présenté doit permettre de connaître la variation instantanée de la concentration en chaque point du substrat.

Chapitre 3
Mouvement de l'eau dans le substrat de culture,
théorie et implémentation numérique

Introduction

L'étude de la dynamique de l'eau dans les substrats de culture est importante car elle permet d'intervenir dans des délais restreints afin d'adapter les apports aux besoins de la plante.

Le volume d'eau consommé par la plante est connu avec précision, par contre la variation de l'humidité à l'intérieur du substrat n'est pas connue et particulièrement les zones humides et sèches. Pour cette raison, la connaissance de l'humidité à l'intérieur de la laine de roche en fonction des cycles d'apport et de drainage nécessite une modélisation du transfert de la solution nutritive.

3.1 Mouvement de l'eau dans un milieu poreux

Le mouvement de l'eau dans un milieu poreux satisfait la loi de conservation de matière. Mathématiquement l'équation de continuité pour un fluide incompressible (cas de l'eau) dans un milieu poreux rigide s'écrit:

$$\frac{\partial \theta}{\partial t} = -\nabla.(\theta v) - S_w$$
$$= -\nabla.q - S_w$$

(3.1)

Où θ : teneur en eau volumique (L^3L^{-3}).

t : temps (T).

∇ : opérateur de divergence (L^{-1}).

v : vitesse de l'eau (LT^{-1}).

$q = \theta.v$: densité de flux volumique ($L^3L^{-2}T^{-1}$).

S_w : terme puits égal à la quantité d'eau absorbée par la plante ($L^3L^{-3}T^{-1}$).

Toutes les variables θ, v, q et S_w sont fonction des coordonnées x, y, z et t.

Pour les milieux poreux saturés, (Darcy, 1856) a obtenu expérimentalement que le flux q est proportionnel au gradient du potentiel d'eau. (Buckingham, 1907) a étendu la loi de Darcy aux milieux poreux partiellement saturés en exprimant le potentiel comme étant une charge hydraulique équivalente de la façon suivante :

$$q = -K(\theta)\nabla H \qquad (3.2)$$

Où $K(\theta)$ est la conductivité hydraulique du milieu poreux (LT^{-1}). Elle est fonction de la teneur en eau, son expression est donnée ci-dessous.

H est la charge hydraulique (L). Sa valeur est égale à la somme de la charge de pression $h(\theta)$ et la charge gravitationnelle z_g (L):

$$H = h(\theta) - z_g \qquad (3.3)$$

Le signe moins réside du fait que z_g est orientée vers le bas et la direction du flux est opposée au gradient de la charge totale.

Les variables $K, H,$ et h dépendent des coordonnées x, y, z et t.

En combinant l'équation de Darcy généralisée et l'équation de continuité, (Richards, 1931) obtient l'équation aux dérivées partielles non linéaire donnant le mouvement de l'eau dans un milieu poreux, connue sous le nom de l'équation mixte de Richards.

Pour un milieu poreux variablement saturé, hétérogène, isotrope rigide et avec de l'eau comme étant un fluide incompressible, l'équation de Richards s'écrit:

$$\frac{\partial \theta(h)}{\partial t} = \nabla.[K(\theta)\nabla h(\theta)] - \frac{\partial K(\theta)}{\partial z} - S_w \qquad (3.4)$$

L'équation de Richards peut s'écrire en fonction d'une seule variable θ ou h. La formulation basée sur θ de l'équation de Richards est restreinte pour les milieux poreux non saturés et homogènes.

L'équation de Richards exprimée en fonction de h s'écrit :

$$C(h)\frac{\partial h}{\partial t} = \nabla.(K(h)\nabla h) - \frac{\partial K(h)}{\partial z} - S_w \qquad (3.5)$$

Où C (L^{-1}) est la capacité capillaire ou l'humidité différentielle donnée par :

$$C(h) = \frac{d\theta}{dh} \qquad (3.6)$$

Cette équation rend compte de l'aptitude du milieu poreux, à libérer ou à emmagasiner de l'eau sous l'effet d'un gradient de pression. Elle est la plus utilisée et elle traite le cas d'un milieu poreux partiellement saturé et hétérogène. La résolution de l'équation de Richards (3.5) nécessite la connaissance des propriétés hydrauliques du substrat, l'expression du terme source, la condition initiale et les conditions aux limites.

En raison des fortes non linéarités présentes dans l'équation de Richards, la résolution des problèmes d'écoulement est généralement réalisée avec des méthodes numériques.

3.1.1 Propriétés hydrauliques

a- Courbe de rétention de l'eau

De manière à s'assurer que les plantes cultivées en hors sol bénéficient d'une alimentation en eau correcte, il est indispensable d'évaluer la quantité d'eau que le substrat utilisé est capable de retenir contre la pression exercée par les racines et la pesanteur. La somme de ces deux forces représente la pression matricielle notée h.

La teneur en eau notée θ, liée à cette pression matricielle, permet de déterminer la courbe de rétention en eau de la laine de roche $\theta(h)$.

Plusieurs modèles mathématiques sont proposés pour décrire cette courbe de rétention de l'eau (Raats, 1992 ; Fonteno et al. 1981).

(Van Genuchten, 1980) a proposé une fonction empirique qui relie la succion h à la teneur en eau volumique :

$$S_e(h) = \frac{\theta(h) - \theta_r}{\theta_s - \theta_r} = \begin{cases} \dfrac{1}{\left(1 + |\alpha h|^n\right)^m} & h \leq 0 \\ 1 & h > 0 \end{cases} \qquad (3.7)$$

S_e : teneur en eau volumique relative ou saturation effective $0 \leq S_e \leq 1$.

h : pression matricielle exercée sur le substrat (L).

θ_r : teneur en eau volumique résiduelle ($L^3 L^{-3}$).

θ_s : teneur en eau volumique de saturation ($L^3 L^{-3}$).

m : paramètre de forme (adim).

α : paramètre de forme (L^{-1}), il est égal approximativement à l'inverse de la succion au point d'inflexion.

n : paramètre de forme (adim), il indique la pente de la courbe de rétention de l'eau.

α, n, m : Parametres estimés par ajustement sur le modèle de Mualem- Van Genuchten.

Les paramètres m et n sont reliés par la formule suivante:

$$m = 1 - \frac{1}{n}, \ n > 1 \qquad (3.8)$$

La rétention de la laine de roche est soumise au phénomène d'hystérèse. Ainsi pour une même succion la teneur en eau volumique en sorption est très inférieure à celle qui est déterminée en désorption (Da Silva et al., 1995).

b- Conductivité hydraulique

La conductivité hydraulique est un paramètre important pour décrire les mouvements de l'eau dans la laine de roche. Elle représente l'intensité des forces de résistance à l'écoulement à l'intérieur d'un matériau.

(Mualem, 1976; Raats, 1992) ont proposé une relation pour prédire la conductivité hydraulique à partir de la courbe de la désorption de la rétention de l'eau.

$$K(h) = K_s K_r(h) \qquad (3.9)$$

Où K_s est la conductivité hydraulique à saturation (LT^{-1}).

$K_r(h)$ est la conductivité hydraulique relative (adim) donnée par (Mualem, 1976) et réduite par (Leij et al., 1992) :

Pour le cas de saturation $K_r(S_e) = 1$ $\qquad (3.10)$

Pour le cas de non saturation $K_r(S_e) = S_e^{\lambda}\left(1 - \left(1 - S_e^{1/m}\right)^m\right)^2$ $\qquad (3.11)$

En substituant l'équation (3.7) dans l'équation (3.11) puis dans l'équation (3.9) on obtient :

$$K(h) = K_s \begin{cases} \dfrac{\left[\left(1 + |\alpha h|^n\right)^m - |\alpha h|^{n-1}\right]^2}{\left(1 + |\alpha h|^n\right)^{(\lambda+2)m}} & h \leq 0 \\ 1 & h > 0 \end{cases} \qquad (3.12)$$

Avec K_s : conductivité hydraulique à saturation (LT^{-1}).

α : paramètre de forme (L^{-1}),

λ, n, m : paramètres de forme (adim).

c- Capacité capillaire

La Capacité capillaire est déduite de la courbe de rétention de l'eau $C(h) = \dfrac{d\theta}{dh}$ (Heinen 1997), elle est donnée par :

$$C(h) = \begin{cases} (\theta_s - \theta_r) n m \alpha^n |h|^{n-1}\left(1 + |\alpha h|^n\right)^{-1-m} & h \leq 0 \\ 0 & h > 0 \end{cases} \qquad (3.13)$$

d- Paramètres physiques de la laine de roche

Le substrat utilisé dans cette étude est la laine de roche du type Floriculture et Expert, fabriqués par la société Grodan, dont les masses volumiques apparentes et les porosités sont respectivement pour le type de laine de roche Floriculture de 67.5 Kg/m^3 et 96.9% contre 46.0 Kg/m^3 et 97.6% pour le type de laine de roche Expert.

Les paramètres physiques de laine de roche (tableau 3.1) sont déterminés expérimentalement par (Bougoul et al, 2005).

Tableau 3.1- : Paramètres physiques estimés par type de laine de roche.

Type	K_S (ms^{-1})	θ_S (m^3 m^{-3})	θ_r (m^3 m^{-3})	α (m^{-1})	n (1)	m (1)
Floriculture	0.00212	0.975	0.026	15.917	3.0614	0.6733
Expert	0.006	0.983	0.0192	39.212	2.1811	0.5415

3.1.2 Expression du terme source

Le modèle qui exprime l'absorption de l'eau par la plante est basé sur le modèle de (Jinquan et al., 1999). Le taux d'absorption de la plante dépend généralement de la distribution racinaire et de la succion dans le substrat de culture (Longuenesse et al., 2004).

Si la variation de la transpiration potentielle de la plante est connue le long d'une journée, l'absorption réelle de l'eau par la plante est donnée par l'expression suivante :

$$S_w = \alpha^*(h) S_{max} \tag{3.14}$$

S_{max} : taux maximal de l'extraction spécifique de l'eau (L^{3}L^{-3}T^{-1}).

α^* : coefficient d'absorption qui dépend de la succion dans le substrat. Il est calculé expérimentalement.

D'après (Bougoul et al., 2006) la variation du coefficient $\alpha^*(h)$ en fonction de la succion est donnée par les expressions suivantes :

$$\begin{cases} \alpha^* = 1 \ pour \ -0.05m \le h \le 0m \\ \alpha^* = 1.8*h+1.09 \ pour \ -0.10m \le h \le -0.05m \\ \alpha^* = 27.5*h+3.66 \ pour \ -0.12m \le h \le -0.10m \\ \alpha^* = 8*h+1.32 \ pour \ -0.15m \le h \le -0.12m \\ \alpha^* = 2.4*h+0.48 \ pour \ -0.20m \le h \le -0.15m \\ \alpha^* = 0 \ pour \ h < -0.20m \end{cases} \tag{3.15}$$

Le taux d'extraction spécifique de l'eau est proportionnel à la distribution racinaire et à l'humidité du substrat (Feddes et al., 1978; Prasad, 1988), il est donné par :

$$S_{max} = c_r L_d(z) \tag{3.16}$$

c_r est une constante de proportionnalité.

$L_d(z)$ est la longueur de la densité racinaire.

Si la majorité de l'eau absorbée par la plante est perdue par le phénomène de transpiration (Hopkins, 1999) alors :

$$T_p = \int_0^{L_r} S_{max}(z)dz \tag{3.17}$$

L_r est la hauteur du substrat de culture.

T_p est la transpiration.

En substituant l'équation (3.16) dans l'équation (3.17) on obtient :

$$T_p = c_r \int_0^{L_r} L_d(z)dz \tag{3.18}$$

$$c_r = \frac{T_p}{\int_0^{L_r} L_d(z)dz} \tag{3.19}$$

En substituant l'équation (3.19) dans l'équation (3.16) on obtient :

Mouvement de l'eau dans le substrat de culture, théorie et implémentation numérique.

$$S_{max} = \frac{T_p L_d(z)}{\int_0^{L_r} L_d(z)dz}$$ (3.20)

Cette équation peut s'écrire :

$$S_{max}(z_r) = \frac{T_p L_{nrd}(z)}{L_r}$$ (3.21)

$L_{nrd}(z)$ est la densité racinaire relative donnée expérimentalement par :

$$L_{nrd}(z_r) = \frac{L_d(z_r)}{\int_0^1 L_d(z_r)dz_r}$$ (3.22)

$z_r = \frac{z}{L_r}$ est la profondeur normalisée comprise entre 0 et 1.

En substituant l'équation (3.21) dans l'équation (3.14) on obtient:

$$S_w = \alpha^*(h)\frac{T_p L_{nrd}(z)}{L_r}$$ (3.23)

3.1.3 Conditions aux limites et condition initiale pour le mouvement de l'eau

Dans cette étude le substrat de laine de roche utilisé est un parallélépipède dont la géométrie est montrée sur la figure 3.1.

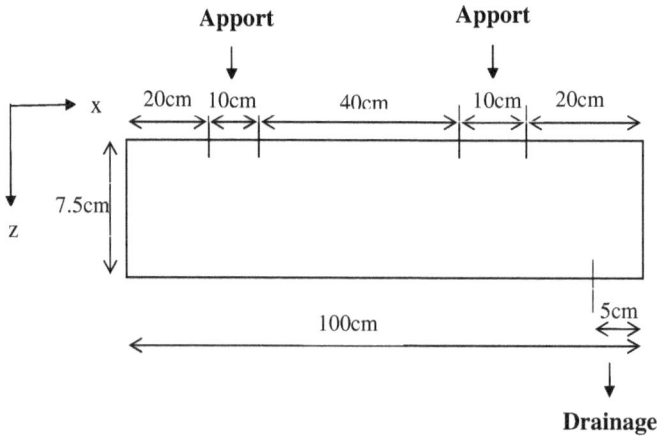

Fig 3.1 : Géométrie du substrat de culture.

A la limite supérieure du substrat et aux endroits imperméables où on n'a pas d'apport, c'est la condition du flux nul de Neumann, pour les zones d'apport d'eau c'est la condition du flux imposé de Neumann.

$$\left(q_z\big|_{z=0} = 0\right) \quad 0<x<20 \ , \ 30<x<70 \text{ et } 80<x<100 \tag{3.24}$$

$$\left(q_z\big|_{z=0} = q_0\right) \quad 20 \le x \le 30 \text{ et } 70 \le x \le 80 \tag{3.25}$$

Où :

q_z est la composante verticale de la densité du flux d'eau.

q_0 est la densité du flux d'arrosage dans les zones d'apport, elle a une valeur de $2\,l/h$ dans une aire de plantation de 100 cm^2 équivalente à $5.55 \cdot 10^{-5}\,m/s$ correspondante au débit d'irrigation du goutteur.

Les conditions à la limite inférieure du substrat pour les endroits imperméables c'est la condition du flux nul de Neumann, aux endroits de drainage (fente de drainage) c'est la combinaison des conditions de Neumann et de Dirichlet suivant le milieu non saturé ou saturé.

$$\left(q_z\big|_{z=7.5} = 0\right) \quad 0 \le x \le 95 \tag{3.26}$$

$$\begin{array}{l} h\big|_{z=7.5} < 0 \quad q_z\big|_{z=7.5} = 0 \\ q_z\big|_{z=7.5} \ge 0 \quad h\big|_{z=7.5} = 0 \end{array} \quad 95 < x < 100 \tag{3.27}$$

A droite et à gauche du substrat c'est la condition du flux nul de Neumann.

$$\frac{\partial h}{\partial x}\bigg|_{x=0} = 0 \qquad 0 \le z \le 7.5 \tag{3.28}$$

$$\frac{\partial h}{\partial x}\bigg|_{x=100} = 0 \qquad 0 \le z \le 7.5 \tag{3.29}$$

Initialement le profil du substrat a été caractérisé par un potentiel de pression en eau faible et un milieu non Saturé.

$$\left(h\big|_{t=0} = -0.5\,cm\right) \tag{3.30}$$

67

3.2. Méthode des volumes finis, discrétisation de l'équation de base.

Due à sa forte non linéarité, l'équation de Richards est difficile à résoudre pour cela plusieurs méthodes numériques sont utilisées telles que les différences finies, les éléments finis et les volumes finis. La méthode des volumes finis a été préférée dans cette étude.

La méthode des volumes finis a été développée (Patankar, 1980). Elle consiste à diviser le domaine de calcul en un certain nombre de volumes de contrôle non superposés ou juxtaposés tel que chaque volume entoure chaque point du maillage appelé "nœud principal". L'équation différentielle est intégrée pour chaque volume de contrôle.

Des expressions arbitraires sont choisies pour exprimer les variations de la fonction ϕ pour un ensemble des points du maillage. L'équation discrète obtenue exprime le principe de conservation pour ϕ sur le volume de contrôle de la même manière que l'équation différentielle l'exprime pour un volume de contrôle infinitésimal. Le résultat est l'équation de discrétisation a comme inconnues les variables recherchées.

Discrétiser une équation revient à transformer les équations différentielles de transport en un système d'équations algébriques.

L'équation généralisée de transport de la variable ϕ s'écrit :

$$\frac{\partial}{\partial t}(\rho\,\phi) + \frac{\partial}{\partial x_j}(\rho\,u_j\,\phi) = \frac{\partial}{\partial x_j}\left(\Gamma\,\frac{\partial\phi}{\partial x_j}\right) + S \tag{3.31}$$

$\frac{\partial}{\partial t}(\rho\,\phi)$ est le terme stationnaire

$\frac{\partial}{\partial x_j}(\rho\,u_j\,\phi)$ est le terme convectif

$\frac{\partial}{\partial x_j}\left(\Gamma\,\frac{\partial\phi}{\partial x_j}\right)$ est le terme diffusif

S est le terme source

68

En deux dimensions l'équation (3.31) s'écrit :

$$\frac{\partial}{\partial t}(\rho\phi)+\frac{\partial}{\partial x}(\rho u\phi)+\frac{\partial}{\partial z}(\rho v\phi)=\frac{\partial}{\partial x}\left(\Gamma\frac{\partial\phi}{\partial x}\right)+\frac{\partial}{\partial z}\left(\Gamma\frac{\partial\phi}{\partial z}\right)+S \tag{3.32}$$

En posant:

$$J_x=\rho\,u\,\phi-\Gamma\frac{\partial\phi}{\partial x} \tag{3.33}$$

$$J_z=\rho\,w\,\phi-\Gamma\frac{\partial\phi}{\partial z} \tag{3.34}$$

Où J_x, J_z sont les flux totaux (convection et diffusion) par unité de surface dans les directions x et z.

L'équation (3.32) devient :

$$\frac{\partial}{\partial t}(\rho\phi)+\frac{\partial J_x}{\partial x}+\frac{\partial J_z}{\partial z}=S \tag{3.35}$$

L'intégration de l'équation (3.35) entre le temps t et $t+\Delta t$ sur le volume de contrôle figure 3.1 donne:

$$\underbrace{\int_{t}^{t+\Delta t}\int_{s}^{n}\int_{w}^{e}\frac{\partial(\rho\phi)}{\partial t}dxdzdt}_{I}+\underbrace{\int_{t}^{t+\Delta t}\int_{s}^{n}\int_{w}^{e}\left(\frac{\partial(J_x)}{\partial x}+\frac{\partial(J_z)}{\partial z}\right)dxdzdt}_{II}=\underbrace{\int_{t}^{t+\Delta t}\int_{s}^{n}\int_{w}^{e}S\,dxdzdt}_{III} \tag{3.36}$$

3.2.1. Discrétisation temporelle

Soit l'écriture générale suivante :

$$\int_{t}^{t+\Delta t}\phi_p dt=\left[f\phi_p^{1}+(1-f)\phi_p^{0}\right]\Delta t \tag{3.37}$$

Où f est un facteur poids variant entre 0 et 1

Cette écriture permet de retrouver les trois schémas classiques de la méthode des différences finis suivant les valeurs de f.

f = 0 : schéma explicite,

f = 0.5 : schéma Crank-Nicolson

f = 1 : schéma implicite

L'intégration du terme (I) entre t et $t+\Delta t$ en supposant $\rho\phi$ uniforme sur le volume de contrôle.

69

$$I = \int_t^{t+\Delta t} \frac{\partial(\rho\phi)}{\partial t} dt \int_s^n \int_w^e dxdz = \int_t^{t+\Delta t} \frac{\partial(\rho\phi)}{\partial t} dt \, \Delta V = \left(\rho_p^1 \, \phi_p^1 - \rho_p^0 \, \phi_p^0\right)\Delta V \tag{3.38}$$

Où les exposants 0 et 1 indiquent les temps t et $t + \Delta t$

$\Delta V = \Delta x.\Delta z$ est le volume du volume de contrôle

3.2.2. Discrétisation spatiale

a- Discrétisation du terme source

En supposant que le terme source S est uniforme sur le volume de contrôle.

L'intégration du terme (III) donne :

$$III = \int_t^{t+\Delta t} \int_s^n \int_w^e S \, dxdzdt = \int_t^{t+\Delta t} \left[\int_s^n \int_w^e S \, dxdz \right] dt = \int_t^{t+\Delta t} \overline{S} \int_s^n \int_w^e dxdzdt = \overline{S} \, \Delta V \, \Delta t \tag{3.39}$$

Où ΔV est le volume de contrôle

$\overline{S}$ est la valeur moyenne du terme source sur ce volume.

Après linéarisation du terme source on obtient:

$$\overline{S} = S_c + S_p \phi_p \tag{3.40}$$

Où S_c est un terme constant

S_p est le coefficient (pente) de ϕ_p, ce n'est pas le S évalué au point P

$$III = \int_t^{t+\Delta t} \int_s^n \int_w^e S_\phi dxdzdt = \left(S_c + S_p \phi_p\right)\Delta V \, \Delta t \tag{3.41}$$

b- Discrétisation du flux total

L'intégration du terme (II) entre t et $t + \Delta t$ sur le volume de contrôle donne :

$$II = \int_t^{t+\Delta t} \int_s^n \int_w^e \left(\frac{\partial(J_x)}{\partial x} + \frac{\partial(J_z)}{\partial z} \right) dxdzdt \tag{3.42}$$

$$II = \int_t^{t+\Delta t} \left[\int_s^n \int_w^e \frac{\partial(J_x)}{\partial x} dxdz + \int_s^n \int_w^e \frac{\partial(J_z)}{\partial z} dxdz \right] dt \tag{3.43}$$

$$II = \left[\left((J_x)_e - (J_x)_w \right) \int_s^n dz + \left((J_z)_n - (J_z)_s \right) \int_w^e dx \right] \Delta t \tag{3.44}$$

$$II = (J_x)_e \Delta z \Delta t - (J_x)_w \Delta z \Delta t + (J_z)_n \Delta x \Delta t - (J_z)_s \Delta x \Delta t \tag{3.45}$$

Si on pose:

Les quantités J_e, J_w, J_n et J_s sont les flux totaux intégrés sur les surfaces de volume de contrôle :

$$J_e = (J_x)_e \Delta z$$
$$J_w = (J_x)_w \Delta z$$
$$J_n = (J_z)_n \Delta x \tag{3.46}$$
$$J_s = (J_z)_s \Delta x$$

L'équation (3.45) devient:

$$II = (J_e - J_w + J_n - J_s) \Delta t \tag{3.47}$$

Remplaçons l'équation (3.38), (3.41) et (3.47) dans l'équation (3.36) on obtient :

$$(\rho_p^1 \phi_p^1 - \rho_p^0 \phi_p^0)\Delta V + (J_e - J_w + J_n - J_s)\Delta t = (S_c + S_p\phi_p)\Delta V \Delta t \tag{3.48}$$

c- Schémas numériques de l'espace

Les flux diffusifs sont évalués toujours en approximant les dérivées par les différences ce qui donne:

$$\left.\frac{\partial \phi}{\partial x}\right|_e = \frac{\phi_E - \phi_P}{\Delta x_e}$$
$$\left.\frac{\partial \phi}{\partial x}\right|_w = \frac{\phi_P - \phi_W}{\Delta x_w}$$
$$\left.\frac{\partial \phi}{\partial z}\right|_n = \frac{\phi_N - \phi_P}{\Delta z_n} \tag{3.49}$$
$$\left.\frac{\partial \phi}{\partial z}\right|_s = \frac{\phi_P - \phi_S}{\Delta z_s}$$

Pour évaluer les flux convectifs on propose plusieurs schémas :

- **Schéma aux différences centrées (CDS)**

Pour évaluer les flux convectifs à l'interface, on choisira un profil linéaire pour l'évaluation de la fonction ϕ en supposant que les interfaces sont au milieu des interfaces soit :

$$\phi_e = \frac{\phi_E + \phi_P}{2}$$

$$\phi_w = \frac{\phi_P + \phi_W}{2}$$

$$\phi_n = \frac{\phi_N + \phi_P}{2} \qquad (3.50)$$

$$\phi_s = \frac{\phi_P + \phi_S}{2}$$

En substituant les expressions (3.49) et (3.50) dans l'équation (3.48) on obtient :

$$A_p \phi_P = A_E \phi_E + A_W \phi_W + A_N \phi_N + A_S \phi_S + b \qquad (3.51)$$

Où :

$$A_E = D_e - \frac{F_e}{2}$$

$$A_W = D_w + \frac{F_w}{2}$$

$$A_N = D_n - \frac{F_n}{2} \qquad (3.52)$$

$$A_S = D_s + \frac{F_s}{2}$$

$$A_P = A_E + A_W + A_N + A_S + A_P^0 - S_P \Delta V \qquad (3.53)$$

$$b = S_c \Delta x \Delta z + A_P^0 \phi_P^0 \qquad (3.54)$$

$$A_P^0 = \frac{\rho_P^0 \Delta V}{\Delta t} \qquad (3.55)$$

Les flux massiques par :

$$F_e = (\rho u)_e \Delta z ,$$

$$F_w = (\rho u)_w \Delta z ,$$

$$F_n = (\rho w)_n \Delta x , \qquad (3.56)$$

$$F_s = (\rho w)_s \Delta x$$

Les conductances définis par :

$$D_e = \frac{\Gamma_e \Delta z}{(\delta x)_e} \; ,$$

$$D_w = \frac{\Gamma_w \Delta z}{(\delta x)_w} \; ,$$

$$D_n = \frac{\Gamma_n \Delta x}{(\delta z)_n} \; , \qquad\qquad (3.57)$$

$$D_s = \frac{\Gamma_s \Delta x}{(\delta z)_s}$$

Les expressions de l'équation (3.52) écrit en terme du nombre de Peclet sont données par:

$$A_E = D_e \left(1 - \frac{P_{ee}}{2} \right)$$

$$A_W = D_w \left(1 - \frac{P_{ew}}{2} \right)$$

$$A_N = D_n \left(1 - \frac{P_{en}}{2} \right) \qquad\qquad (3.58)$$

$$A_S = D_s \left(1 - \frac{P_{es}}{2} \right)$$

Les nombres de Peclet définis par :

$$P_{ee} = \frac{F_e}{D_e} \; ,$$

$$P_{ew} = \frac{F_w}{D_w} \; ,$$

$$P_{en} = \frac{F_n}{D_n} \; , \qquad\qquad (3.59)$$

$$P_{es} = \frac{F_s}{D_s}$$

Pour que les coefficients soient positifs, le nombre de Peclet doit être dans un intervalle $[-2,+2]$ et $S_p \le 0$

Ce schéma est réalisable pour des maillages fins $|P_e| \le 2$

Mouvement de l'eau dans le substrat de culture, théorie et implémentation numérique.

- **Schéma amont (UPS)**

$$\phi_e = \phi_p \quad \text{si} \quad F_e > 0$$
$$\phi_e = \phi_E \quad \text{si} \quad F_e < 0 \tag{3.60}$$

En utilisant l'opérateur : $\|A.B\| = max(A.B)$ le schéma Amont s'écrit :

$$F_e\phi_e = \phi_p\|F_e,0\| - \phi_E\|F_e,0\|$$
$$F_w\phi_w = \phi_W\|F_w,0\| - \phi_p\|F_w,0\|$$
$$F_n\phi_n = \phi_p\|F_n,0\| - \phi_N\|F_n,0\|$$
$$F_s\phi_s = \phi_S\|F_s,0\| - \phi_p\|F_s,0\| \tag{3.61}$$

En substituant les expressions (3.61) dans l'équation (3.48) on obtient :

$$A_p\phi_p = A_E\phi_E + A_W\phi_W + A_N\phi_N + A_S\phi_S + b \tag{3.62}$$

Où :

$$A_E = D_e + \|-F_e,0\|,$$
$$A_W = D_w + \|F_w,0\|,$$
$$A_N = D_n + \|-F_n,0\|, \tag{3.63}$$
$$A_S = D_s + \|F_s,0\|,$$
$$A_p = A_E + A_W + A_N + A_S + A_P^0 - S_P \Delta V \tag{3.64}$$
$$b = S_c \Delta x \Delta z + A_P^0\phi_P^0 \tag{3.65}$$
$$A_P^0 = \frac{\rho_P^0 \Delta V}{\Delta t} \tag{3.66}$$

- **Schéma Hybride (HDS)**

Ce schéma est développé par (Spalding, 1972). C'est la combinaison du schéma aux différences centrés pour $|P_e| \leq 2$ et du schéma amont en négligeant la diffusion pour $|P_e| > 2$.

Pour $P_e < -2$,
$$\frac{A_E}{D_e} = -P_e$$

Pour $-2 \leq P_e \leq 2$,
$$\frac{A_E}{D_e} = 1 - \frac{P_e}{2}$$
(3.67)

Pour $P_e > 2$,
$$\frac{A_E}{D_e} = 0$$

L'équation de discrétisation pour ce schéma s'écrit :

$$A_p \phi_p = A_E \phi_E + A_W \phi_W + A_N \phi_N + A_S \phi_S + b$$
(3.68)

Où :

$$A_E = \left\| -F_e, D_e - \frac{F_e}{2}, 0 \right\|,$$

$$A_W = \left\| F_w, D_w + \frac{F_w}{2}, 0 \right\|,$$

$$A_N = \left\| -F_n, D_n - \frac{F_n}{2}, 0 \right\|,$$
(3.69)

$$A_S = \left\| F_s, D_s + \frac{F_s}{2}, 0 \right\|$$

$$A_p = A_E + A_W + A_N + A_S + A_P^0 - S_P \Delta V$$
(3.70)

$$b = S_c \Delta x \Delta z + A_P^0 \phi_P^0$$
(3.71)

$$A_P^0 = \frac{\rho_P^0 \Delta V}{\Delta t}$$
(3.72)

- **Schéma à la loi de puissance (PLDS)**

Ce schéma est développé par (Patankar, 1979). Les expressions de A_E sont

   donnés par:

Pour $P_e < -10$,
$$\frac{A_E}{D_e} = -P_e ,$$

Pour $-10 \leq P_e < 0$,
$$\frac{A_E}{D_e} = \left(1 + 0.1 P_e\right)^5 - P_e ,$$
(3.73)

Pour $0 \leq P_e \leq 10$,
$$\frac{A_E}{D_e} = \left(1 - 0.1 P_e\right)^5 ,$$

Pour $P_e > 10$,
$$\frac{A_E}{D_e} = 0$$

Mouvement de l'eau dans le substrat de culture, théorie et implémentation numérique.

Sous forme compact $A_E = D_e \left\| 0, \left(1 - \dfrac{0.1|F_e|}{D_e} \right)^5 \right\| + \| 0, -F_e \|$ (3.74)

L'équation de discrétisation pour ce schéma s'écrit :

$$A_p \phi_p = A_E \phi_E + A_W \phi_W + A_N \phi_N + A_S \phi_S + b$$ (3.75)

Où :

$$A_E = D_e \left\| 0, (1 - 0.1|P_{ee}|)^5 \right\| + \| 0, -F_e \| \ ,$$
$$A_W = D_w \left\| 0, (1 - 0.1|P_{ew}|)^5 \right\| + \| 0, F_w \| \ ,$$
$$A_N = D_n \left\| 0, (1 - 0.1|P_{en}|)^5 \right\| + \| 0, -F_n \| ,$$
$$A_S = D_s \left\| 0, (1 - 0.1|P_{es}|)^5 \right\| + \| 0, F_s \| \ ,$$
(3.76)

$$A_p = A_E + A_W + A_N + A_S + A_P^0 - S_P \, \Delta V$$ (3.77)

$$b = S_c \, \Delta x \, \Delta z + A_P^0 \phi_P^0$$ (3.78)

$$A_P^0 = \frac{\rho_P^0 \, \Delta V}{\Delta t}$$ (3.79)

- **Discrétisation finale**

$$A_p \phi_p = A_E \phi_E + A_W \phi_W + A_N \phi_N + A_S \phi_S + b$$ (3.80)

Où

$$A_E = D_e A(|P_e|) + \| -F_e, 0 \| ,$$
$$A_W = D_w A(|P_w|) + \| F_w, 0 \| ,$$
$$A_N = D_n A(|P_n|) + \| -F_n, 0 \| ,$$
(3.81)
$$A_S = D_s A(|P_s|) + \| -F_s, 0 \|$$

$$A_p = A_E + A_W + A_N + A_S + A_P^0 - S_P \, \Delta V$$ (3.82)

$$b = S_c \, \Delta x \, \Delta z + A_P^0 \phi_P^0$$ (3.83)

$$A_P^0 = \frac{\rho_P^0 \, \Delta V}{\Delta t}$$ (3.84)

76

La fonction $A(|P|)$ pour différents schémas:

Schémas	$A(|P|)$
Différences centrées	$1 - 0.5|P|$
Amont	1
Hybride	$\|0, 1 - 0.5|P|\|$
Loi de puissance	$\|0, (1 - 0.1|P|)^5\|$
Exponentiel (exacte)	$|P|/(\exp(|P|) - 1)$

3.3. Résolution du système d'équations

Après la discrétisation de l'équation générale de transport par les différents schémas temporel et spatial, on utilise la méthode T.D.M.A (Tridiagonal matrix algorithm ou Thomas algorithm) et balayage ligne par ligne pour résoudre le système d'équations algébrique obtenu.

Suivant le domaine de calcul, l'équation de discrétisation s'écrit sous la forme :

$$\left(A_{i,j} - S_{p_{i,j}}\right)\phi_{i,j} - A_{i,j-1}\phi_{i,j-1} - A_{i,j+1}\phi_{i,j+1} = A_{i+1,j}\phi_{i+1,j} + A_{i-1,j}\phi_{i-1,j} + S_c \tag{3.85}$$

$$
\begin{aligned}
A_{i,j-1} &= b(j) \\
A_{i,j+1} &= a(j) \\
A_{i+1,j}\phi_{i+1,j} + A_{i-1,j}\phi_{i-1,j} + S_c &= c(j) \\
A_{i,j} - S_{p_{i,j}} &= d(j)
\end{aligned}
\tag{3.86}
$$

En substituant l'équation (3.86) dans l'équation (3.85), on obtient :

$$-b(j)\phi_{i,j-1} + d(j)\phi_{i,j} - a(j)\phi_{i,j+1} = c(j) \tag{3.87}$$

Ce système d'équations peut être écrit sous forme matricielle :

$$[A]\phi = C \tag{3.88}$$

Où $[A]$ est une matrice tridiagonale.

La méthode T.D.M.A consiste à transformer cette matrice en une matrice triangulaire supérieure dont la résolution est immédiate par remontée.

3.4. Discrétisation de l'équation de Richards

L'équation de Richards est une équation non linéaire, elle est résolue implicitement en utilisant la méthode des volumes finis. Dans notre cas les nœuds sont choisis centrés dans les volumes de contrôle. Chaque volume de contrôle, figure 3.2 a une épaisseur unité dans la direction des y ($\Delta y = 1$) et en posant :

$$\Delta x_i = 0.5\left(\Delta x_I + \Delta x_{I+1}\right)$$
$$\Delta x_I = \left(x_{i,j} - x_{i-1,j}\right)$$
$$\Delta z_j = 0.5\left(\Delta z_J + \Delta z_{J+1}\right) \tag{3.89}$$
$$\Delta z_J = \left(z_{i,j} - z_{i,j-1}\right)$$

Le volume du volume de contrôle est donné par : $VC = \Delta x_I \Delta y \Delta z_J$

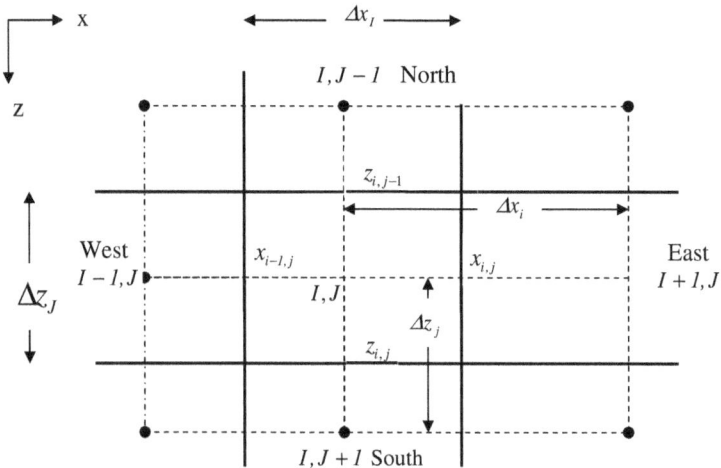

Fig 3.2 : Représentation du volume de contrôle

78

L'équation de Richards peut s'écrire dans le cas bidimensionnel sous la forme suivante :

$$C(h)\frac{\partial h}{\partial t} = \frac{\partial}{\partial x}\left(K(h)\frac{\partial h}{\partial x}\right) + \frac{\partial}{\partial z}\left(K(h)\frac{\partial h}{\partial z}\right) - \frac{\partial K(h)}{\partial z} - S_w \qquad (3.90)$$

Les termes de cette équation sont calculés séparément. Toutes les variables sont calculées au pas de temps $t + \Delta t$ où Δt est le pas du temps et t est la variable de temps.

En intégrant cette dernière équation, on obtient :

$$\underbrace{\int_{t}^{t+\Delta t}\int_{s}^{n}\int_{w}^{e}C(h)\frac{\partial h}{\partial t}dxdzdt}_{I} = \int_{t}^{t+\Delta t}\int_{s}^{n}\int_{w}^{e}\left[\underbrace{\frac{\partial}{\partial x}\left(K(h)\frac{\partial h}{\partial x}\right)}_{II} + \underbrace{\frac{\partial}{\partial z}\left(K(h)\frac{\partial h}{\partial z}\right)}_{II} - \underbrace{\frac{\partial K(h)}{\partial z}}_{IV}\right]dxdzdt$$
$$- \int_{t}^{t+\Delta t}\int_{s}^{n}\int_{w}^{e}\underbrace{S_w dxdzdt}_{V} \qquad (3.91)$$

L'intégration du premier terme donne :

$$(I) = \int_{t}^{t+\Delta t}\int_{s}^{n}\int_{w}^{e}C(h)\frac{\partial h}{\partial t}dxdzdt = C_{I,J}^{k}(h)\left(h_{I,J}^{k+1} - h_{I,J}^{k}\right)\Delta x_I \Delta z_J \qquad (3.92)$$

Les indices I et J désignent les directions X et Z et l'indice k désigne le temps.

L'intégration du deuxième terme donne :

$$(II) = \left(K(h)\frac{\partial h}{\partial x}\right)_{x_{i-1,j}}^{x_{i,j}} \Delta z_J \Delta t \qquad (3.93)$$

Pour évaluer le terme du flux horizontal, on suppose que le profil de h est linéaire entre les nœuds, ce qui nous permet d'écrire :

$$\left(K(h)\frac{\partial h}{\partial x}\right)_{x_{i-1,j}}^{x_{i,j}} \Delta z_J \Delta t = \left(K_{x_{i,j}}\frac{h_{I+1,J}-h_{I,J}}{\Delta x_i} - K_{x_{i-1,j}}\frac{h_{I,J}-h_{I-1,J}}{\Delta x_{i-1}}\right)\Delta z_J \Delta t \qquad (3.94)$$

$K_{x_{i,j}}$ et $K_{x_{i-1,j}}$ sont les conductivités aux interfaces (i,j) et (i-1,j) du volume de contrôle dans la direction des X . Généralement les conductivités aux interfaces sont inconnues, par contre elles sont connues aux nœuds. Pour évaluer les conductivités aux interfaces des volumes de contrôle, on utilise des interpolations et dans ce cas, on utilise la moyenne donnée par la formule suivante :

$$K_{x_{i,j}} = \frac{K_{I,J} + K_{I+1,J}}{2} \qquad (3.95)$$

L'intégration du troisième terme donne suivant la direction des Z :

$$(III) = \left(K(h)\frac{\partial h}{\partial z} \right)_{z_{i,j-1}}^{z_{i,j}} \Delta x_I \Delta t \qquad (3.96)$$

L'expression du flux vertical s'écrit :

$$\left(K(h)\frac{\partial h}{\partial z} \right)_{z_{i,j-1}}^{z_{i,j}} \Delta x_I \Delta t = \left(K_{z_{i,j}} \frac{h_{I,J+1} - h_{I,J}}{\Delta z_j} - K_{z_{i,j-1}} \frac{h_{I,J} - h_{I,J-1}}{\Delta z_{j-1}} \right) \Delta x_I \Delta t \qquad (3.97)$$

$K_{z_{i,j}}$ et $K_{z_{i,j-1}}$ sont les conductivités aux interfaces (i,j) et (i,j-1) du volume de contrôle dans la direction des Z .

L'expression de $K_{z_{i,j}}$ est donnée par :

$$K_{z_{i,j}} = \frac{K_{I,J} + K_{I,J+1}}{2} \qquad (3.98)$$

L'intégration du terme de gravité (IV) donne :

$$(IV) = \left(K_{z_{i,j}} - K_{z_{i,j-1}} \right) \Delta x_I \Delta t \qquad (3.99)$$

L'intégration de terme puits (V) donne :

$$\int_{t}^{t+\Delta t} \int_{s}^{n} \int_{w}^{e} S_w \, dx \, dz \, dt = \int_{t}^{t+\Delta t} S_w \int_{s}^{n} \int_{w}^{e} dx \, dz \, dt = S_w \, \Delta x_I \Delta z_J \Delta t \qquad (3.100)$$

80

En substituant l'équation (3.24) dans l'équation (3.100) on obtient :

$$S_w^{k+1} \Delta V \; \Delta t = \alpha^*(h) \frac{T_p^{k+1}.L_{nrd}(z_r)}{L_r} \Delta x_I \Delta z_J \Delta t \qquad (3.101)$$

En substituant les termes I, II, III, IV, V dans l'équation (3.94) on obtient :

$$C_{I,J}^k(h)\left(h_{I,J}^{k+1} - h_{I,J}^k\right)\Delta x_I \Delta z = \left(K_{x_{i,j}}^k \frac{h_{I+1,J}^{k+1} - h_{I,J}^{k+1}}{\Delta x_i} - K_{x_{i-1,j}}^k \frac{h_{I,J}^{k+1} - h_{I-1,J}^{k+1}}{\Delta x_{i-1}} \right)\Delta z_J \Delta t +$$
$$\left(K_{z_{i,j}}^k \frac{h_{I,J+1}^{k+1} - h_{I,J}^{k+1}}{\Delta z_j} - K_{z_{i,j-1}}^k \frac{h_{I,J}^{k+1} - h_{I,J-1}^{k+1}}{\Delta z_{j-1}} \right)\Delta x_I \Delta t - \left(K_{z,i,j}^k - K_{z,i,j-1}^k\right)\Delta x_I \Delta t - S_{w,I,J}^{k+1}\Delta x_I \Delta z \qquad (3.102)$$

Apres réarrangement des termes de l'équation on peut écrire :

$$A_p h_{I,J}^{k+1} = A_W h_{I-1,J}^{k+1} + A_E h_{I+1,J}^{k+1} + A_N h_{I,J-1}^{k+1} + A_S h_{I,J+1}^{k+1} + b \qquad (3.103)$$

$$A_W = \frac{K_{x,i-1,j}^k \Delta z_J}{\Delta x_{i-1}} \qquad\qquad A_E = \frac{K_{x,i,j}^k \Delta z_J}{\Delta x_i}$$
$$A_N = \frac{K_{x,i,j-1}^k \Delta x_I}{\Delta x_{j-1}} \qquad\qquad A_S = \frac{K_{x,i,j}^k \Delta x_I}{\Delta z_j} \qquad (3.104)$$

$$b = A_C h_{I,J}^{k+1} - \left\lfloor K_{z,i,j}^k - K_{z,i,j-1}^k \right\rfloor \Delta x_I - S_{w,I,J}\Delta x_I \Delta z_J \qquad (3.105)$$

$$Où \; A_C = C_{I,J}^k \frac{\Delta x_I \Delta z_J}{\Delta t} \qquad (3.106)$$

$$A_p = A_E + A_W + A_N + A_S + A_C \qquad (3.107)$$

Les coefficients A_W, A_E, A_N, A_S, A_C et b doivent être calculés pour chaque nœud dans le volume de contrôle.

Quand une face est commune à deux volumes de contrôle, le flux qui la traverse doit être représenté par la même expression dans les équations numériques pour les deux volumes de contrôle, ceci signifie que les coefficients A_W et A_E sont reliés par la relation suivante :

$$A_{W,I,J} = A_{E,I-1,J}$$

De même pour A_N, A_S et $A_{N,I,J} = A_{S,I,J-1}$

3.5. Conditions aux limites

Condition à la limite supérieure (z=0)

$$A_N = 0 \quad \text{et} \quad b = A_C h_{I,1}^k - \left(K_{z_{i,1}}^k - q_0\right)\Delta x_I \Delta x_I - S_{w,I,J}^{k+1}\Delta x_I \Delta z_I \Delta t \qquad (3.108)$$

Condition à la limite inférieure (z=Z)

$$A_S = 0 \quad \text{et} \quad b = A_C h_{I,M}^k - \left(q_z - K_{z_{i,M-1}}^k\right)\Delta x_I \Delta x_I - S_{w,I,J}^{k+1}\Delta x_I \Delta z_M \Delta t \qquad (3.109)$$

Conditions aux limites latérales gauche et droite :

$$x = 0 \Rightarrow A_W = 0$$

$$x = X \Rightarrow A_E = 0$$

La résolution du système d'équation sur chaque nœud, nous donne un système d'équations écrit sous la forme : $[A]h = b$

Où $[A]$ est la matrice des coefficients et h et b sont des vecteurs qui contiennent les valeurs inconnues de h et les valeurs connues de b respectivement.

La matrice $[A]$ contient les coefficients A_p, A_W, A_E, A_N, A_S cette matrice est symétrique et tridiagonale. Pour résoudre ce système d'équations, on utilise la méthode TDMA.

3.6. Résultats et interprétations

Lors de la réalisation de cette étude, on a procédé en deux étapes:

La première étape consiste à simuler le mouvement de l'eau dans deux types de laine de roche (Floriculture à haute densité et Expert à faible densité) par le biais de la résolution de l'équation de Richards, caractérisent un milieu poreux et en tenant compte des conditions aux limites et la condition initiale, ceci bien sur après avoir choisit une géométrie bien déterminée. La discrétisation de l'équation de Richards est basée sur la méthode des volumes finis qui est une méthode très efficace et robuste.

La deuxième étape consiste à simuler le mouvement du soluté dans les deux types de laine de roche. En utilisant les résultats obtenus de l'eau et tenant compte des conditions aux limites et la condition initiale sur la même géométrie

82

que précédemment. L'équation de convection diffusion dans un milieu poreux est discrétisée par une méthode explicite.

Le programme numérique réalisé pour résoudre ces deux équations est écrit en langage Fortran qui est un programme flexible, qui nous donne l'accès pour changer les données concernant la géométrie, les conditions aux limites, la condition initiale, le débit d'apport et les caractéristiques physiques du milieu poreux choisit. Les résultats sont satisfaisants pour l'eau (voir ce chapitre) et pour le soluté (voir chapitre suivant).

Les données principales de ce calcul numérique consistent en plus des dimensions de la géométrie, des caractéristiques physiques et hydrauliques des deux types de substrat de laine de roche qui sont principalement la conductivité hydraulique à saturation, teneur volumique à saturation, teneur volumique résiduelle et certains paramètres de forme. Tous ces paramètres sont déterminés expérimentalement par différentes méthodes par (Bougoul et al., 2005).

Les résultats obtenus nous donne la distribution de l'eau – appelée aussi humidité ou succion - en deux dimensions pour les deux types de substrat, dans le temps et dans l'espace, ainsi que les variations de l'humidité suivant la longueur du substrat pour les couches supérieures et inferieures et ceci pour les deux types de substrat.

La distribution de l'humidité au sein du substrat en deux dimensions est représentée pour les deux types de substrat de laine de roche dans les figures (3.3 et 3.5), on observe que :
Les zones situées entre les zones d'apport et en haut de la fente de drainage sont toujours sèches par contre les zones situées en dessous des zones d'apport c'est-à-dire au niveau des goutteurs et à la partie inférieure du pain de laine de roche sont toujours saturées.

On remarque aussi qu'au dessous des zones d'apport en se dirigeant vers le bas du substrat la zone saturée est rétrécie juste au centre du substrat, ceci peut être expliquée par le phénomène d'hystérésis et la laine de roche qui se comporte différemment en sorption qu'en désorption. Elle se dessèche plus vite qu'elle ne s'humecte.

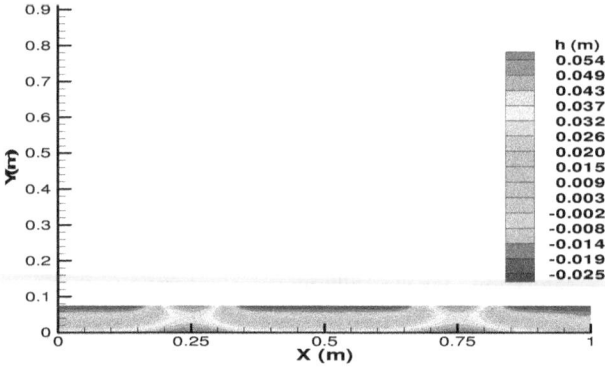

Fig 3.3 : Distribution de l'eau dans la laine de roche de type Floriculture.

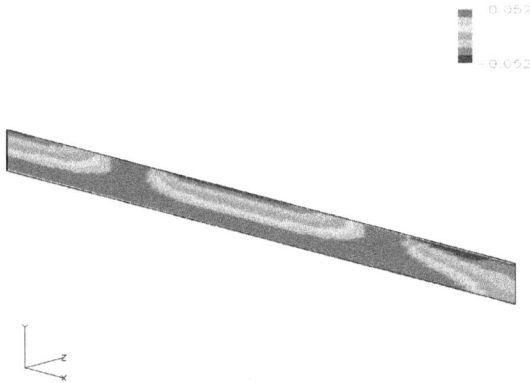

Fig 3.4 : Distribution de l'eau dans la laine de roche de type Floriculture (CFD), (Bougoul, 2006).

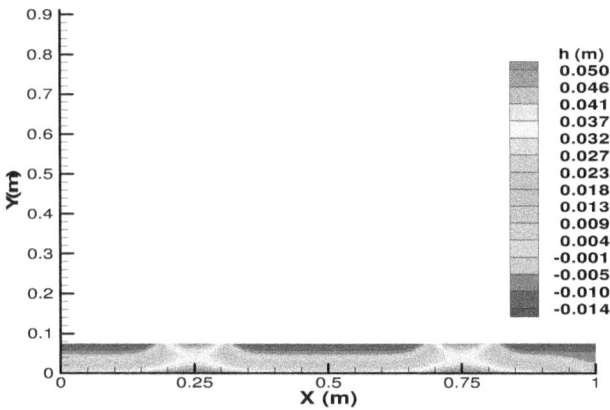

Fig 3.5 : Distribution de l'eau dans la laine de roche de type Expert.

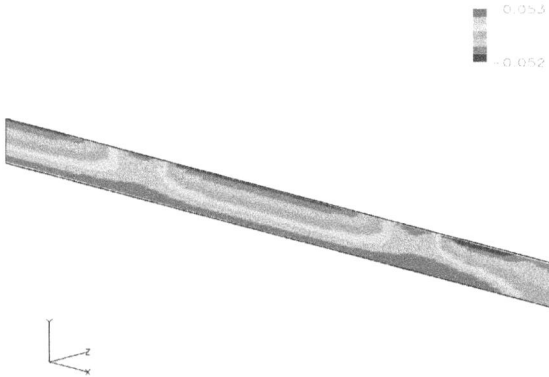

Fig 3.6 : Distribution de l'eau dans la laine de roche de type Expert (CFD), (Bougoul, 2006).

Validation : les résultats obtenus dans les figures (3.3 et 3.5) sont comparés avec ceux déterminés par (Bougoul, 2006), par le biais du CFD (CFD, 1999) dans les figures (3.4 et 3.6) et s'avèrent de même ordre d'où la validité de nos résultats.

Pour l'évolution de l'humidité suivant le temps pour les deux types de laine de roche, figures (3.7 à 3.10) et figures (3.11 à 3.14). On remarque que l'humidité augmente suivant le temps en tant que valeur et largeur de zone de saturation, ceci est expliqué par l'apport continu de l'eau au niveau des goutteurs.

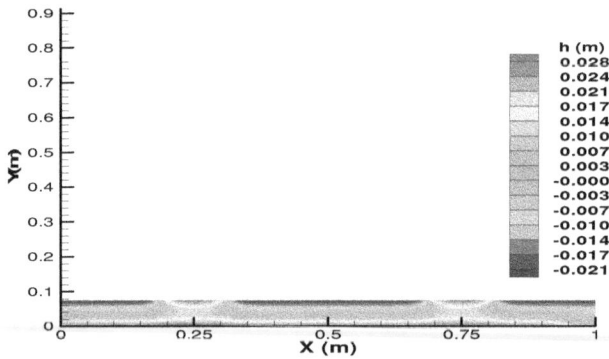

Fig 3.7 : Distribution de l'eau dans la laine de roche Floriculture, 1er pas de temps.

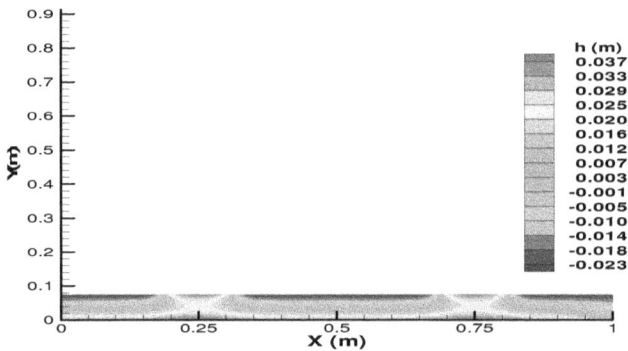

Fig 3.8 : Distribution de l'eau dans la laine de roche Floriculture, 2ème pas de temps.

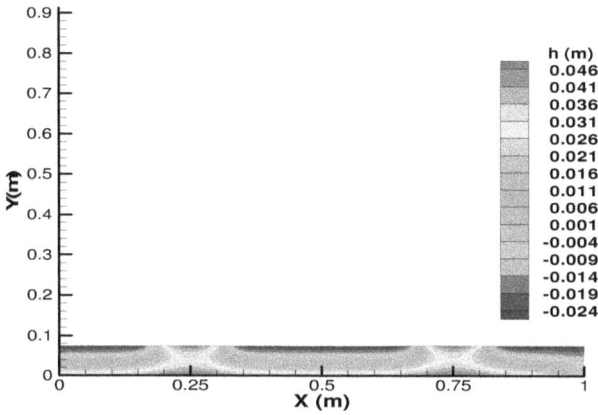

Fig 3.9 : Distribution de l'eau dans la laine de roche Floriculture, $3^{\text{ème}}$ pas de temps.

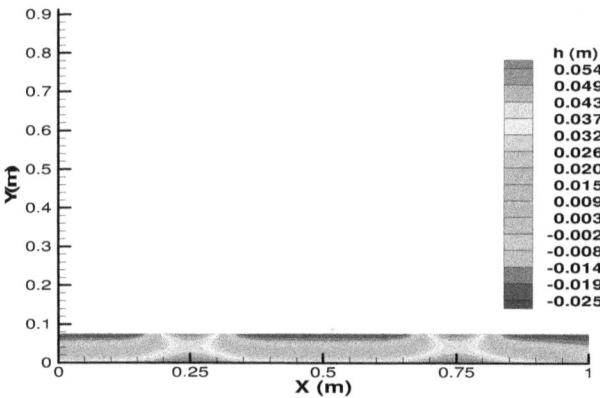

Fig 3.10 : Distribution de l'eau dans la laine de roche Floriculture, $4^{\text{ème}}$ pas de temps.

En comparant la distribution de l'humidité au sein du substrat de type Floriculture avec celle de type Expert, figures (3.7 à 3.10) et figures (3.11 à 3.14) on remarque que :

- L'humidité du substrat Floriculture est supérieure à celle du substrat Expert.
- La zone saturée du substrat Floriculture est plus large que celle du substrat Expert.
- Les zones saturées sont importantes au bas du substrat du type Floriculture que celles du substrat Expert.

Ces différences d'humidité sont dues principalement à la conductivité hydraulique du substrat de type Expert qui est supérieure à celle de Floriculture, à la densité de Floriculture qui est supérieure à celle de l'Expert et aussi à la porosité de Floriculture qui est inferieure à celle de l'Expert.

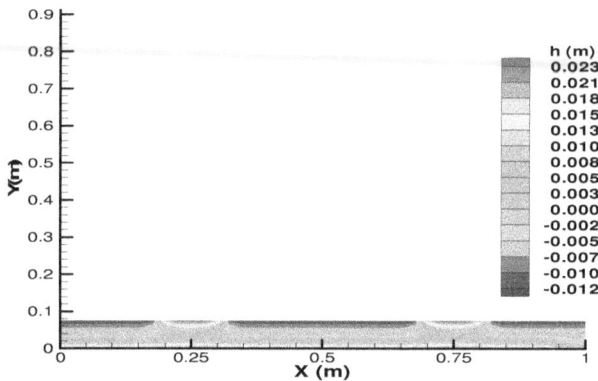

Fig 3.11 : Distribution de l'eau dans la laine de roche Expert, 1er pas de temps.

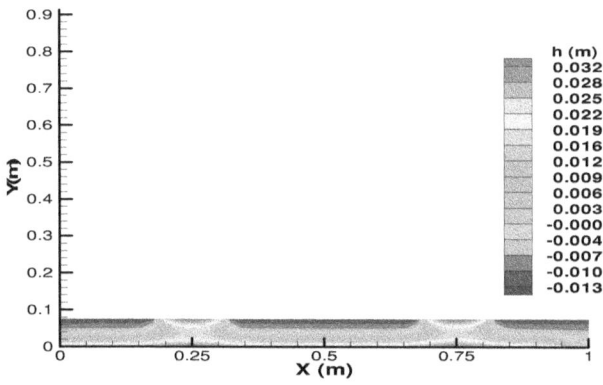

Fig 3.12 : Distribution de l'eau dans la laine de roche Expert, 2ème pas de temps.

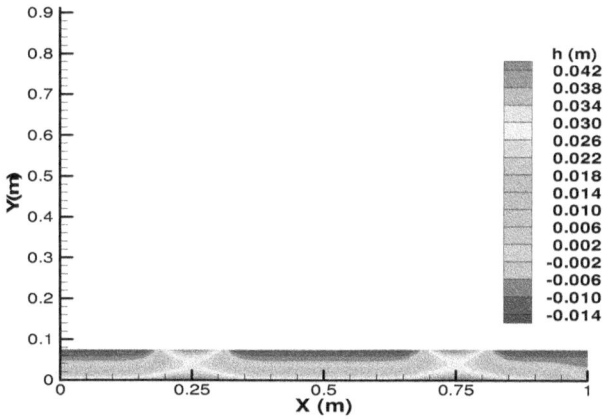

Fig 3.13 : Distribution de l'eau dans la laine de roche Expert, 3ème pas de temps.

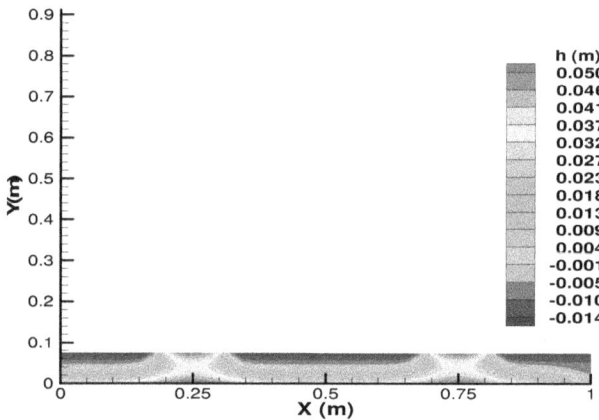

Fig 3.14 : Distribution de l'eau dans la laine de roche Expert, 4ème pas de temps.

Les mêmes remarques sont observées dans les figures (3.15 et 3.16) pour le type Floriculture et les figures (3.17 et 3.18) pour le type Expert. L'humidité atteint sa valeur maximale au dessous de goutteurs et aux milieux des zones d'apport et la valeur minimale loin des zones d'apport et en haut de la fente de drainage.

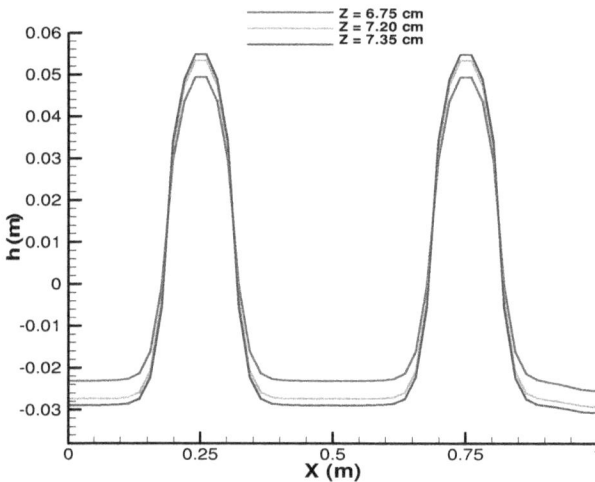

Fig 3.15 : Variation de l'humidité dans la laine de roche de type Floriculture, couches supérieures, 4ème pas de temps.

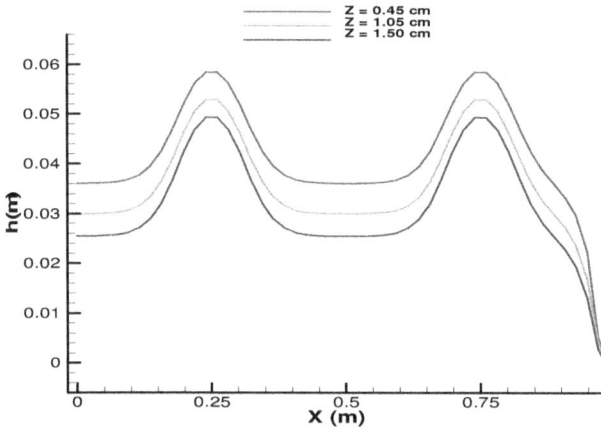

Fig 3.16 : Variation de l'humidité dans la laine de roche de type
Floriculture, couches inférieures, 4ème pas de temps.

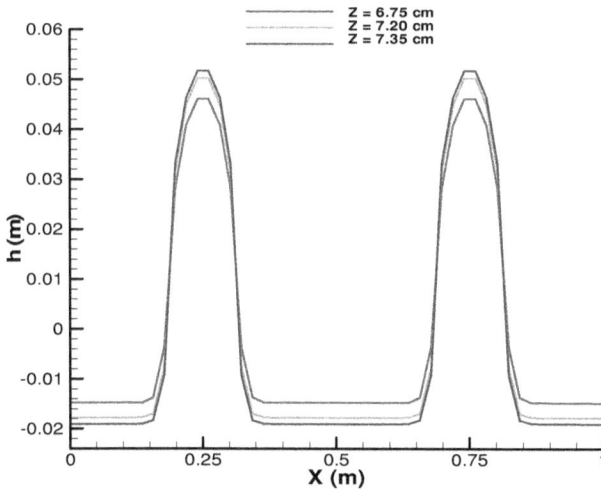

Fig 3.17 : Variation de l'humidité dans la laine de roche de type
Expert, couches supérieures, 4ème pas de temps.

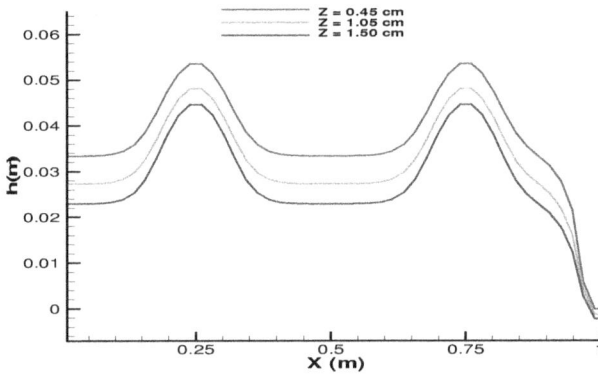

Fig 3.18 : Variation de l'humidité dans la laine de roche de type Expert, couches inférieures, 4ème pas de temps.

On peut dire aussi que l'humidité dans les zones inferieures du substrat est plus élevée que l'humidité dans les zones supérieures et qu'elle est plus importante dans la laine de roche Floriculture que dans la laine de roche Expert.

Ainsi la laine de roche de type Floriculture garde un grand pourcentage d'eau, contrairement à la laine de roche de type Expert qui peut avoir des zones sèches dont les racines ne peuvent pas se développer facilement et particulièrement pour les faibles fréquences d'irrigation où l'eau est moins disponible.

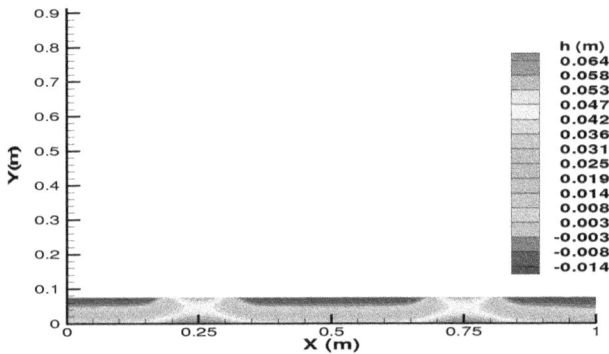

Fig 3.19 : Distribution de l'eau dans le substrat composé, 4ème pas de temps.

Par le biais du programme élaboré on a testé le substrat proposé par (Bougoul, 2006), constitué de deux types de laine de roche de densité différente où la densité de chaque type à un effet direct sur la conductivité hydraulique du composite. Ce modèle est composé d'une partie de 1/4 de la laine de roche Floriculture située en haut et d'une partie de 3/4 de la laine de roche Expert située en bas. Après calcul, on constate que les zones mortes sont diminuées et les zones saturées occupent 2/3 du volume entier de ce substrat. Ceci permet un bon exploit de l'humidité présente dans le substrat par les racines de la plante, figure 3.19.

Chapitre 4

Mouvement du soluté dans le substrat de culture, théorie et implémentation numérique

Introduction

Les processus de transport dans les milieux poreux, ont lieu principalement dans la phase liquide, par le réseau poreux partiellement rempli d'eau. En effet, quand les solutés entrent dans le sol, la plupart d'entre eux sont transportés par l'eau avec un mouvement convectif. Cependant, le transport peut également être affecté par d'autres processus de natures chimique, biologique et physique.

Dans cette étude, nous nous concentrons sur le transport de solutés non-réactifs dans un système composé d'une seule phase liquide (eau).

Le modèle mécaniste déterministe de convection-dispersion est utilisé, il s'appuie sur une description déterministe des processus modélisés, il requiert la détermination des valeurs de paramètres ou des conditions initiales. Il est dit mécaniste car il est fondé sur des équations provenant des lois de la physique.

Dans l'équation de convection-dispersion, les principaux mécanismes de transport pour un soluté non-réactif sont la convection et la dispersion hydrodynamique qui englobe la diffusion moléculaire et la dispersion mécanique ou cinématique.

4.1. La convection

La convection représente l'entraînement des éléments en solution dans le mouvement du fluide qui se déplace. Le soluté est transporté par le mouvement général de l'eau, à la vitesse q définie par la loi de Darcy.

Le principe de conservation de la matière se permet d'écrire :

$$\frac{\partial}{\partial t}(c.\theta) = -\nabla.(q.c) \qquad (4.1)$$

Où : c est la concentration du soluté (ML^{-3}).

q est la vitesse de Darcy ou densité du flux volumique (LT^{-1}).

θ est la teneur en eau volumique (L^3L^{-3}).

4.2. La dispersion hydrodynamique

La notion de dispersion hydrodynamique a été introduite par (Bear, 1972). La dispersion hydrodynamique est un phénomène par lequel une substance migre dans le milieu poreux. En se déplaçant, l'espèce chimique se dilue (effet du mélange) et s'étale pour occuper un volume plus grand avec une concentration corrélativement décroissante (effet de dilution).

Cette propagation est provoquée, d'une part, par le déplacement des molécules sous l'effet de la diffusion moléculaire et d'autre part, par la dispersion cinématique.

La dispersion hydrodynamique est fonction de la nature du milieu poreux et des caractéristiques du transport de soluté.

4.2.1. La diffusion moléculaire

La diffusion moléculaire est un phénomène physico-chimique qui tend à rendre homogène la distribution spatiale du soluté jusqu'à une concentration uniforme par diffusion vers la zone la moins concentrée selon la loi de Fick. Son influence ne devient importante que dans les cas d'écoulements lents.

4.2.2. La dispersion mécanique

Parallèlement au transport général des molécules en solution par convection, se rajoute un phénomène de dispersion du soluté dans l'eau. Cette dispersion est due à l'hétérogénéité de la distribution des vitesses dans un milieu poreux, elle-même soumise à trois phénomènes :

(i) le profil de vitesse dans un capillaire est parabolique (donc la vitesse est plus rapide pour les molécules situées au centre des pores),

(ii) la dimension des pores est variable (donc la vitesse est plus rapide pour les molécules transportées par les grands pores),

(iii) les lignes de courant varient par rapport à la direction principale de l'écoulement (donc plus rapide pour les molécules qui s'éloignent le moins de cette direction principale).

Pour des vitesses d'écoulement faibles, la diffusion moléculaire joue le rôle principal dans la dispersion du soluté. Pour des vitesses élevées, le phénomène de dispersion cinématique est prédominant.

4.3. L'équation de convection-dispersion classique, CDE

L'équation de continuité pour le transport de soluté dans un milieu poreux est donnée par (Bolt, 1982) :

$$\frac{\partial Q^*}{\partial t} = -\nabla q_s - S_s \qquad (4.2)$$

Où $Q^* = \theta.c$ \qquad (4.3)

Q^* est la densité totale du soluté dans le milieu poreux (ML^{-3}).

q_s est la densité du flux massique du soluté ($ML^{-2}T^{-1}$).

S_s est la quantité de soluté absorbée par la plante ($ML^{-3}T^{-1}$).

c est la concentration du soluté (ML^{-3}).

En général toutes les variables de cette équation sont des fonctions de x, y, z et t. Les quantités d'eau et de soluté absorbées par la plante peuvent être déterminées par (De Willigen et Noordwijk, 1987, 1994a, b).

Si on considère que le flux total de soluté est composé du flux convectif et du flux dispersif, q_s est donné par :

$$q_s = qc - D_h.\nabla c \qquad (4.4)$$

97

Où D_h est le tenseur hydrodynamique (L^2T^{-1}), qui est la somme du tenseur de dispersion et du tenseur de diffusion, il est symétrique pour un milieu isotrope.

En substituant les équations (4.3) et (4.4) dans (4.2) on obtient l'équation classique de convection-dispersion :

$$\frac{\partial \theta.c}{\partial t} = -\frac{\partial q_i c}{\partial x_i} + \frac{\partial}{\partial x_i}\left(\theta D_{ij}\frac{\partial c}{\partial x_i}\right) - S_s, \qquad i,j = 1,2,3 \tag{4.5}$$

Où : c est la concentration en soluté dans la phase liquide (ML^{-3}),

Les composantes du tenseur de dispersion hydrodynamique (L^2T^{-1}) sont donnés par (Bear   et Verruijt, 1987; Simunek et al., 1994) :

$$\theta D_{i,j} = a_T|q|\delta_{ij} + (a_L - a_T)\frac{q_i q_j}{|q|} + \theta D_0\tau(\theta)\delta_{ij}, \qquad i,j = 1,2,3 \tag{4.6}$$

Où : δ_{ij} est le symbole de Kronecker (δ_{ij} = 1 si i=j et δ_{ij} =0 si i≠j).

D_0 est le coefficient de diffusion moléculaire dans l'eau libre (L^2T^{-1}).

q_i est la composante du flux d'eau (LT^{-1}),

$|q|$ est le module du flux d'eau q égal à $\sqrt{q_i^2 + q_j^2}$ (LT^{-1}),

$\tau(\theta)$ est la tortuosité donnée par (Barrclough et Tinker, 1981) :

$$\tau(\theta) = \begin{cases} f_1\theta + f_2 & \theta \geq \theta_l \\ \dfrac{\theta(f_1\theta + f_2)}{\theta_l} & \theta \leq \theta_l \end{cases} \tag{4.7}$$

avec : θ_l, f_1, f_2 paramètres adimensionnels.

a_L et a_T sont respectivement la dispersivité longitudinale et transversale (L).

La dispersivité transversale est beaucoup plus petite que la dispersivité longitudinale, d'environ un à deux ordres de grandeur (Bear, 1972). Elle est généralement prise une valeur fixe à 1/10 de la valeur de la dispersivité longitudinale (Domenico et Schwartz, 1990).

La résolution de l'équation de convection-dispersion nécessite la résolution préalable de l'équation de Richards du transport de l'eau.

4.4. Conditions aux limites et condition initiale :

En général les conditions aux limites pour le soluté peuvent être de même type que celles de l'eau (conditions de Neumann et Dirichlet), figure 3.1

A la limite supérieure et aux endroits imperméables c'est la condition du flux nul de Neumann (4.8), sauf aux positions des goutteurs, c'est la condition (4.9), où c_f est la concentration de la solution d'apport.

$$\left(q_{sz}\big|_{z=0}=0\right) \qquad 0<x<20,\ 30<x<70 \quad \text{et} \quad 80<x<100 \tag{4.8}$$

$$\begin{aligned} q_z\big|_{z=0} &> 0, \quad q_{sz}\big|_{z=0}=c_f\,q_z\big|_{z=0} \\ q_z\big|_{z=0} &\leq 0, \quad q_{sz}\big|_{z=0}=0 \end{aligned} \qquad 20\leq x\leq 30\ \text{et}\ 70\leq x\leq 80 \tag{4.9}$$

Les conditions à la limite inférieure et aux endroits imperméables, c'est la condition du flux nul de Neumann (4.10) sauf aux endroits de drainage, c'est la condition (4.11), où c_D est la concentration de drainage.

$$\left(q_{sz}\big|_{z=7.5}=0\right) \quad 0\leq x\leq 95 \tag{4.10}$$

$$\begin{aligned} q_z\big|_{z=7.5} &> 0, \quad q_{sz}\big|_{z=7.5}=c_D\,q_z\big|_{z=7.5} \\ q_z\big|_{z=7.5} &\leq 0, \quad q_{sz}\big|_{z=7.5}=0 \end{aligned} \qquad 95<x<100 \tag{4.11}$$

A droite et à gauche du substrat $x=0cm$ et $x=100cm$, c'est la condition du flux nul de Neumann.

$$\frac{\partial c}{\partial x}\bigg|_{x=0}=0 \quad ; \quad 0\leq z\leq 7.5 \tag{4.12}$$

$$\frac{\partial c}{\partial x}\bigg|_{x=100}=0 \quad ; \quad 0\leq z\leq 7.5 \tag{4.13}$$

Initialement la concentration imposée est :

$$c\big|_{t=0} = c_0 \qquad (4.14)$$

4.5. Résolution numérique de l'équation du soluté

La résolution de l'équation de transport du soluté se fait explicitement en utilisant les densités de flux d'eau obtenus au temps $t + \Delta t$.

Pour le cas bidimensionnel, l'équation gouvernant le transport du soluté exprimé en Q^* par l'équation (4.5) est donnée par :

$$\frac{\partial Q^*}{\partial t} = -\frac{\partial q_x c}{\partial x} - \frac{\partial q_z c}{\partial z} + \frac{\partial}{\partial x}\left(\theta D_{xx}\frac{\partial c}{\partial x}\right) + \frac{\partial}{\partial z}\left(\theta D_{zz}\frac{\partial c}{\partial z}\right) + $$
$$+ \frac{\partial}{\partial x}\left(\theta D_{xz}\frac{\partial c}{\partial z}\right) + \frac{\partial}{\partial z}\left(\theta D_{zx}\frac{\partial c}{\partial x}\right) - S_s \qquad (4.15)$$

Où D_{xx} est le coefficient de dispersion/diffusion pour le transport dans la direction x dû au gradient de c dans la direction x.

D_{xz} est le coefficient de dispersion/diffusion pour le transport dans la direction x dû au gradient de c dans la direction z.

D_{zx} est le coefficient de dispersion/diffusion pour le transport dans la direction z dû au gradient de c dans la direction x.

D_{zz} est le coefficient de dispersion/diffusion pour le transport dans la direction z dû au gradient de c dans la direction z.

L'équation (4.15) peut être écrite

$$\frac{\partial Q^*}{\partial t} = -\frac{\partial q_{sx}^c}{\partial x} - \frac{\partial q_{sz}^c}{\partial z} - \frac{\partial q_{sxx}^d}{\partial x} - \frac{\partial q_{szz}^d}{\partial z} - \frac{\partial q_{sxz}^d}{\partial x} - \frac{\partial q_{szx}^d}{\partial z} - S_s \qquad (4.16)$$

Où les flux convectifs sont donnés par :

$$q_{sx}^c = q_x c$$
$$q_{sz}^c = q_z c \qquad (4.17)$$

Les flux de dispersion-diffusion sont donnés par :

$$q_{sxx}^d = -\theta D_{xx}\frac{\partial c}{\partial x} \qquad\qquad q_{szz}^d = -\theta D_{zz}\frac{\partial c}{\partial z}$$

$$q_{sxz}^d = -\theta D_{xz}\frac{\partial c}{\partial z} \qquad\qquad q_{szx}^d = -\theta D_{zx}\frac{\partial c}{\partial x}$$

(4.18)

Les indices c et d indiquent respectivement la convection et la dispersion-diffusion.

L'équation (4.16) peut être réduite à :

$$\frac{\partial Q^*}{\partial t} = -\frac{\partial q_{sx}}{\partial x} - \frac{\partial q_{sz}}{\partial z} - S_s$$

(4.19)

Où

$$q_{sx} = q_{sx}^c + q_{sxx}^d + q_{sxz}^d$$

$$q_{sz} = q_{sz}^c + q_{szz}^d + q_{szx}^d$$

(4.20)

La masse totale $Q_m(M)$ du volume de contrôle est définie comme:

$$Q_{m,I,J} = Q_{I,J}^* \Delta x_I \Delta z_J$$

(4.21)

L'équation (4.19) et l'équation (4.21) nous ramène à :

$$\frac{\partial Q_{m,I,J}}{\partial t} = \left(-\frac{\partial q_{sx,I,J}}{\partial x} - \frac{\partial q_{sz,I,J}}{\partial z} - S_{s,I,J}\right)\Delta x_I \Delta z_J$$

(4.22)

L'équation (4.22) est numériquement résolue comme suit :

$$\frac{Q_{m,I,J}^{t+\Delta t} - Q_{m,I,J}^t}{\Delta t} = \frac{q_{sx,i-1,j}^{t+\Delta t} - q_{sx,i,j}^{t+\Delta t}}{\Delta x_I}\Delta x_I \Delta z_J + \frac{q_{sz,i,j-1}^{t+\Delta t} - q_{sz,i,j}^{t+\Delta t}}{\Delta z_J}\Delta x_I \Delta z_J$$
$$- S_{s,I,J}^t \Delta x_I \Delta z_J$$

(4.23)

Ainsi on a:

$$Q_{m,I,J}^{t+\Delta t} = Q_{m,I,J}^t + \left(q_{sx,i-1,j}^{t+\Delta t} - q_{sx,i,j}^{t+\Delta t}\right)\Delta z_J \Delta t + \left(q_{sz,i,j-1}^{t+\Delta t} - q_{sz,i,j}^{t+\Delta t}\right)\Delta x_I \Delta t - S_{s,I,J}^t \Delta x_I \Delta z_J \Delta t$$

(4.24)

La concentration est calculée à partir de l'équation (4.3):

$$c_{I,J}^{t+\Delta t} = \frac{Q_{m,I,J}^{t+\Delta t}}{\theta_{I,J}^{t+\Delta t} \Delta x_I \Delta z_J} \tag{4.25}$$

Les flux convectifs aux interfaces du volume de contrôle sont obtenus de la manière suivante (Patankar 1980):

$$\text{Si} \quad q_{x,i,j}^{t+\Delta t} \geq 0 \qquad q_{sx,i,j}^{c,t+\Delta t} = q_{x,i,j}^{t+\Delta t} c_{I,J}^{t} \tag{4.26}$$

$$\text{Si} \quad q_{x,i,j}^{t+\Delta t} < 0 \qquad q_{sx,i,j}^{c,t+\Delta t} = q_{x,i,j}^{t+\Delta t} c_{I+1,J}^{t} \tag{4.27}$$

et

$$\text{Si} \quad q_{z,i,j}^{t+\Delta t} \geq 0 \qquad q_{sz,i,j}^{c,t+\Delta t} = q_{z,i,j}^{t+\Delta t} c_{I,J}^{t} \tag{4.28}$$

$$\text{Si} \quad q_{z,i,j}^{t+\Delta t} < 0 \qquad q_{sz,i,j}^{c,t+\Delta t} = q_{z,i,j}^{t+\Delta t} c_{I,J+1}^{t} \tag{4.29}$$

Les flux de dispersion-diffusion aux interfaces du volume de contrôle sont obtenus de la manière suivante :

$$q_{sxx,i,j}^{d,t+\Delta t} = -\theta^{t+\Delta t} D_{xx,i,j}^{t+\Delta t} \frac{c_{I+1,J}^{t} - c_{I,J}^{t}}{\Delta x_i} \tag{4.30}$$

$$q_{szz,i,j}^{d,t+\Delta t} = -\theta^{t+\Delta t} D_{zz,i,j}^{t+\Delta t} \frac{c_{I,J+1}^{t} - c_{I,J}^{t}}{\Delta z_j} \tag{4.31}$$

$$q_{sxz,i,j}^{d,t+\Delta t} = -\theta^{t+\Delta t} D_{xz,i,j}^{t+\Delta t} \frac{c_{i,j-1}^{t} - c_{i,j}^{t}}{\Delta z_J} \tag{4.32}$$

$$q_{szx,i,j}^{d,t+\Delta t} = -\theta^{t+\Delta t} D_{zx,i,j}^{t+\Delta t} \frac{c_{i-1,j}^{t} - c_{i,j}^{t}}{\Delta x_I} \tag{4.33}$$

Les coefficients de dispersion/diffusion aux interfaces sont donnés à partir de l'équation (4.6) par :

Si $q > 0$,

$$\theta D_{xx} = a_L \frac{q_x^2}{|q|} + a_T \frac{q_z^2}{|q|} + \theta D_0 \tau(\theta) \tag{4.34}$$

$$\theta D_{zz} = a_L \frac{q_z^2}{|q|} + a_T \frac{q_x^2}{|q|} + \theta D_0 \tau(\theta) \tag{4.35}$$

$$\theta D_{xz} = \theta D_{xz} = (a_L - a_T)\frac{q_x + q_z}{|q|}$$ (4.36)

Si $q = 0$,

$$\theta D_{xx} = \theta D_{zz} = \theta D_0 \tau(\theta)$$ (4.37)

$$\theta D_{xz} = \theta D_{zz} = 0$$ (4.38)

Pour les flux d'eau q_x et q_z nécessaires pour le calcul de ces coefficients, ils sont obtenus comme suit: les flux d'eau perpendiculaires aux interfaces sont déterminés comme solution de l'équation de Richards (chapitre 3). Les flux d'eau parallèles aux interfaces sont calculés comme moyenne des quatre nœuds voisins dans la direction désirée (Heinen, 1997).

Pour une interface verticale les flux q_x et q_z sont donnés par:

$$q_x = q_{x,i,j}^{t+\Delta t}$$ (4.39)

$$q_z = \frac{q_{z,i,j-1}^{t+\Delta t} + q_{z,i,j}^{t+\Delta t} + q_{z,i+1,j-1}^{t+\Delta t} + q_{z,i+1,j}^{t+\Delta t}}{4}$$ (4.40)

Pour une interface horizontale les flux q_x et q_z sont donnés par:

$$q_x = \frac{q_{x,i-1,j}^{t+\Delta t} + q_{x,i,j}^{t+\Delta t} + q_{x,i-1,j+1}^{t+\Delta t} + q_{x,i,j+1}^{t+\Delta t}}{4}$$ (4.41)

$$q_z = q_{z,i,j}^{t+\Delta t}$$ (4.42)

La valeur absolue du flux d'eau est:

$$|q| = \sqrt{q_x^2 + q_y^2} \quad (\mathrm{L\,T^{-1}})$$ (4.43)

La concentration aux interfaces du volume de contrôle est donnée par :

$$c_{i,j}^t = \frac{c_{I,J}^t + c_{I+1,J}^t + c_{I,J+1}^t + c_{I+1,J+1}^t}{4}$$ (4.44)

103

4.6. Résultats et discussion

Après avoir simulé le mouvement de l'eau dans les deux types de laine de roche, (Floriculture à haute densité et Expert à faible densité) dans le chapitre précédent (chapitre 3). On utilise les distributions de l'eau obtenues, afin de simuler le transport des solutés dans les deux types de laine de roche. En tenant compte des conditions aux limites, de la condition initiale $c_0 = 15\ mmole/l$, de la concentration d'apport $c_f = 15\ mmole/l$ et de la concentration de drainage $c_D = 0\ mmole/l$. Un programme numérique en langage Fortran se basant sur une méthode explicite résout l'équation de convection diffusion dans un milieu poreux.

Pour se développer la plante a besoin d'éléments minéraux dont les principaux l'azote, le phosphore, le potassium, le magnésium, le calcium et le soufre. Des éléments mineurs, dit oligo-éléments sont également nécessaires en quantité moindre : le fer, le manganèse, le zinc, le cuivre et autres.

L'azote joue un rôle primordial dans le métabolisme des plantes. C'est le constituant numéro un des protéines, composants essentiels de la matière vivante. Il s'agit donc d'un facteur de croissance, mais aussi de qualité. En général les plantes ne peuvent pas absorber l'azote sous sa forme gazeuse, il devra donc être apporté par les fertilisants. L'essentiel de la nutrition azotée des plantes est assurée par les nitrates NO3⁻ d'où la nécessité d'étudier cet élément.

On obtient les résultats de la distribution de la concentration du nitrate en deux dimensions, dans les deux types de substrat ainsi que la variation de la concentration dans le temps et dans l'espace.

La distribution de la concentration au sein du substrat en deux dimensions est représentée pour les deux types de substrat de laine de roche dans les figures (4.1 et 4.2) et on observe que: la concentration est maximale juste au dessous des zones d'apport c'est-à-dire au niveau des goutteurs et ceci à cause de l'apport continu de la solution nutritive.

104

On remarque aussi que la concentration diminue en se dirigeant vers le bas du substrat (couches inférieures).

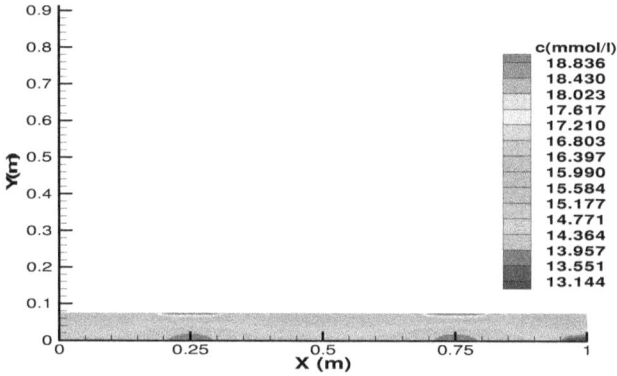

Fig 4.1 : Distribution de la concentration dans la laine de roche de type Floriculture.

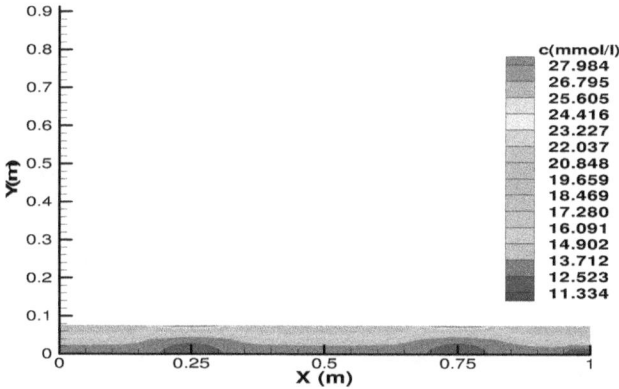

Fig 4.2 : Distribution de la concentration dans la laine de roche de type Expert.

Pour l'évolution de la concentration suivant le temps pour les deux types de laine de roche, figures (4.3 à 4.6 et 4.7 à 4.10). On remarque que pour la partie supérieure, la concentration augmente suivant le temps à cause de l'apport continu de la solution au niveau des goutteurs. Par contre pour la partie inférieure où les zones sont toujours saturées, la concentration est minimale.

105

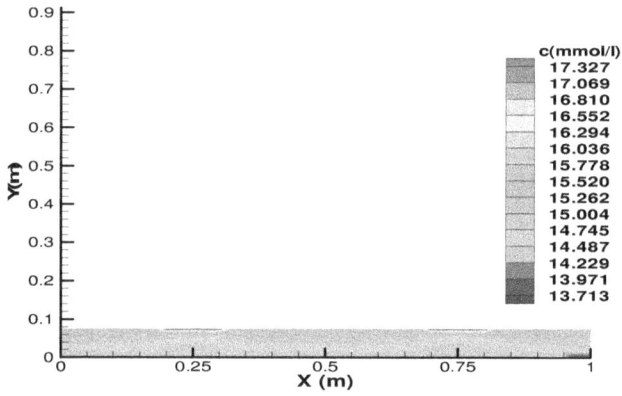

Fig 4.3 : Distribution de la concentration dans la laine de roche Floriculture, 1er pas de temps.

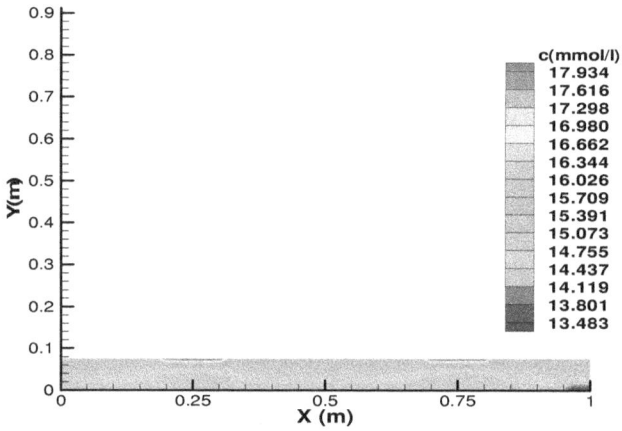

Fig 4.4 : Distribution de la concentration dans la laine de roche Floriculture, 2ème pas de temps.

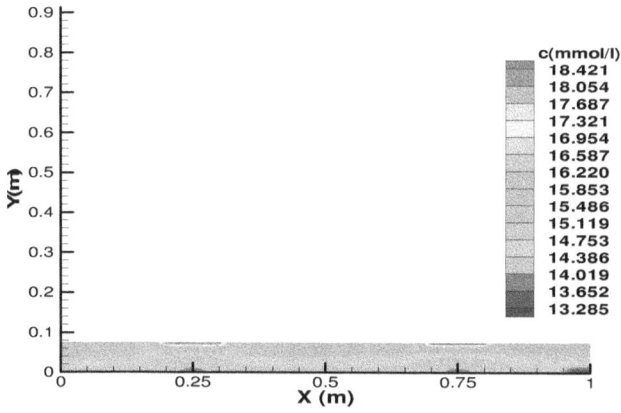

Fig 4.5 : Distribution de la concentration dans la laine de roche Floriculture, 3ème pas de temps.

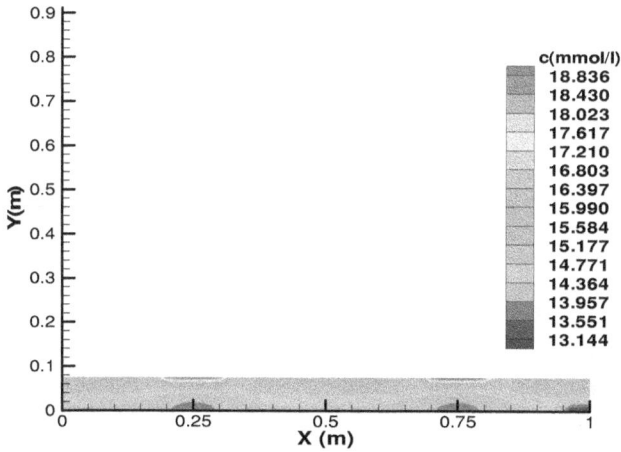

Fig 4.6 : Distribution de la concentration dans la laine de roche Floriculture, 4ème pas de temps.

Mouvement du soluté dans le substrat de culture, théorie et implémentation numérique.

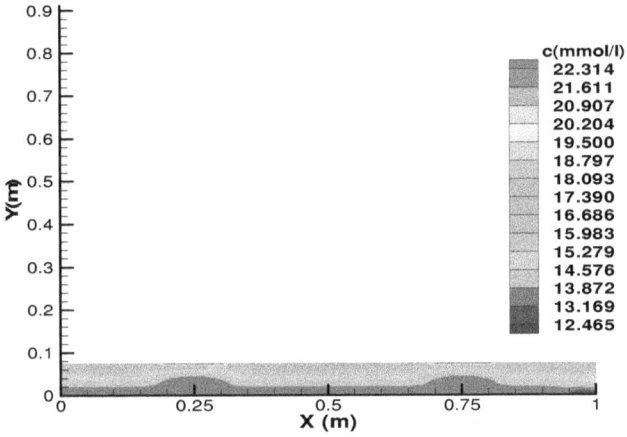

Fig 4.7 : Distribution de la concentration dans la laine de roche Expert, 1er pas de temps.

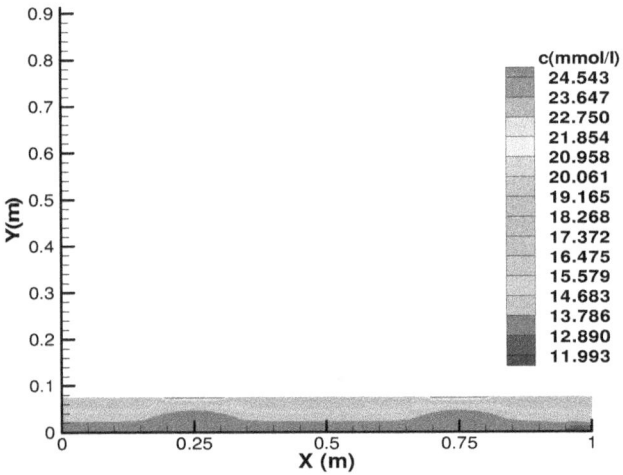

Fig 4.8 : Distribution de la concentration dans la laine de roche Expert, 2ème pas de temps.

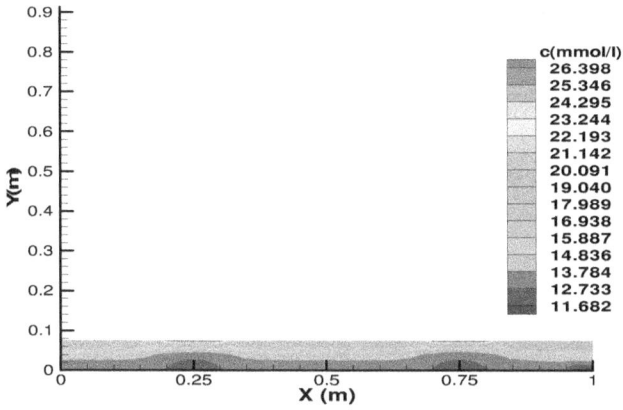

Fig 4.9 : Distribution de la concentration dans la laine de roche Expert, 3ème pas de temps.

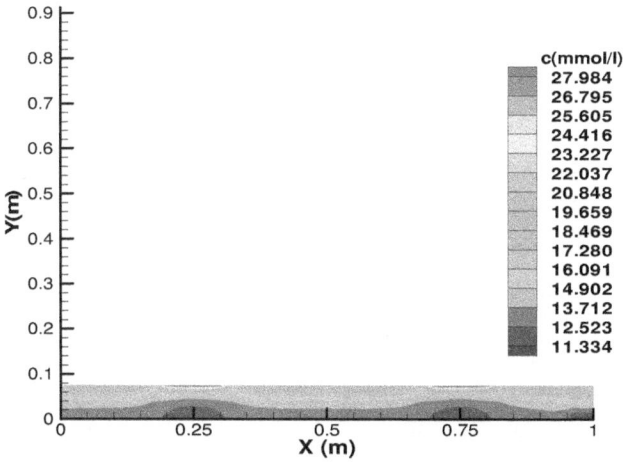

Fig 4.10 : Distribution de la concentration dans la laine de roche Expert, 4ème pas de temps.

En comparant la distribution de la concentration au sein du substrat de type Floriculture avec celle de type Expert, figures (4.11, 4.12, 4.13, 4.14, 4.15 et 4.16), on remarque que:

- La concentration dans les parties supérieures de type Floriculture est inférieure à celle de l'Expert dû à l'humidité de Floriculture qui est supérieure à celle de l'Expert. .
- La concentration dans les parties inférieures de Floriculture est supérieure que celle de l'Expert, ceci est dû principalement à la porosité de Floriculture qui est inferieure à celle de l'Expert.

Le substrat proposé par (Bougoul, 2006), constitué de deux types de laine de roche de densité différente, une partie de 1/4 de la laine de roche Floriculture située en haut et une partie de 3/4 de la laine de roche Expert située en bas, est testé par le biais du programme développé. Le résultat de la distribution de la concentration dans ce substrat est montré dans la figure (4.17).

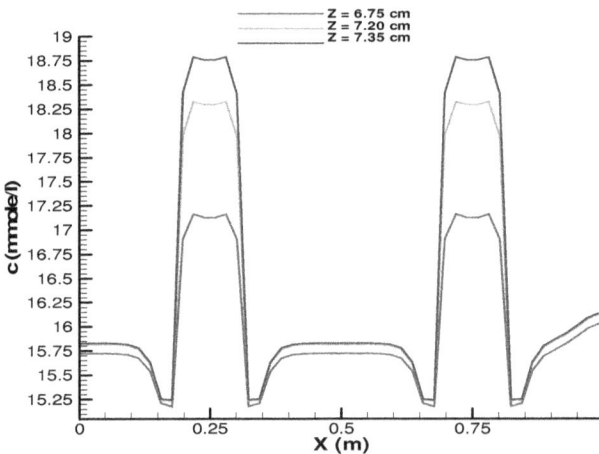

Fig 4.11 : Variation de la concentration suivant la longueur dans le type Floriculture, couches supérieures, 4ème pas de temps.

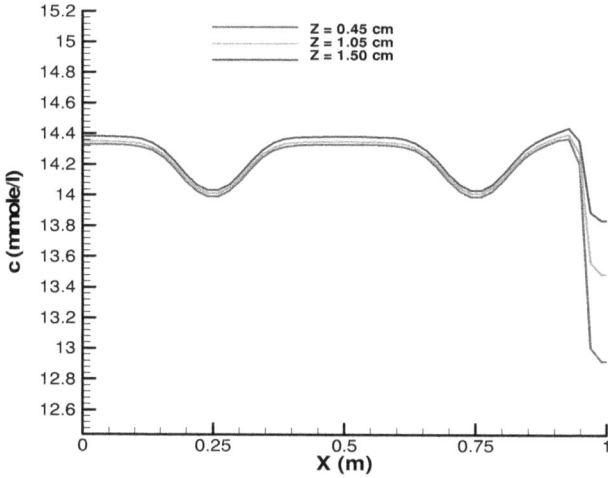

Fig 4.12 : Variation de la concentration suivant la longueur dans le type Floriculture, couches inférieures, 4ème pas de temps.

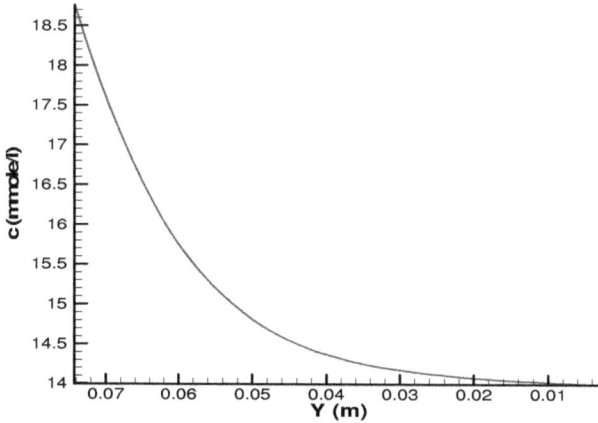

Fig 4.13 : Variation de la concentration suivant la profondeur dans le type Floriculture, 4ème pas de temps.

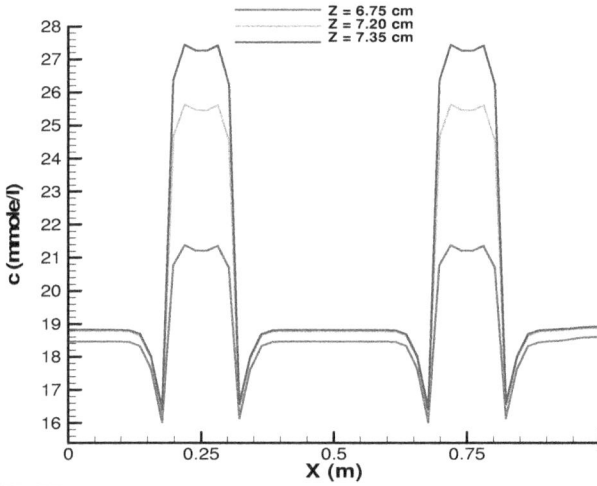

Fig 4.14 : Variation de la concentration suivant la longueur dans le type Expert, couches supérieures, 4ème pas de temps.

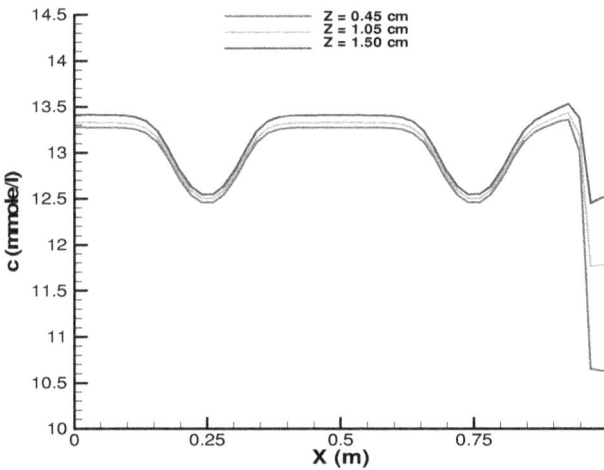

Fig 4.15 : Variation de la concentration suivant la longueur dans le type Expert, couches inférieures, 4ème pas de temps.

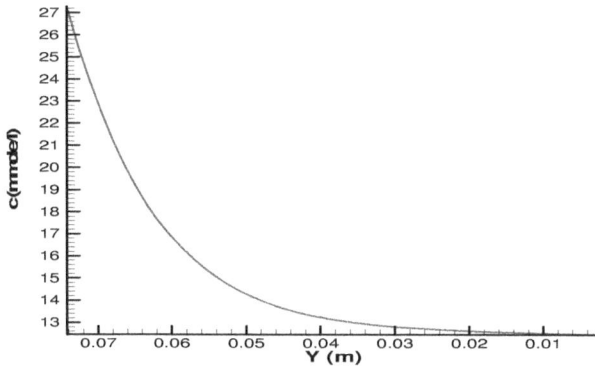

Fig 4.16 : Variation de la concentration suivant la profondeur dans le type Expert, $4^{\text{ème}}$ pas de temps.

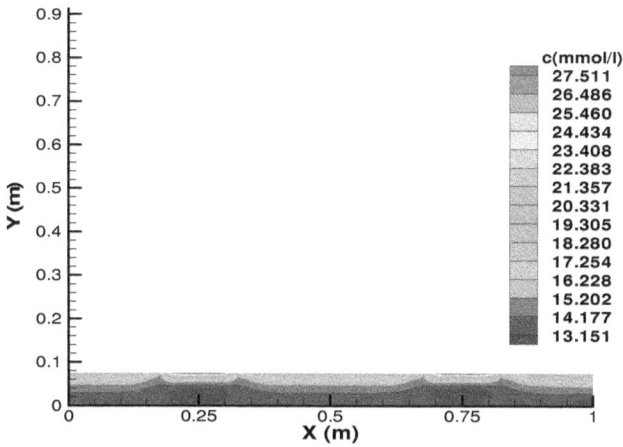

Fig 4.17 : Distribution de la concentration dans le substrat composé, $4^{\text{ème}}$ pas de temps

Conclusion

La connaissance des paramètres physiques du substrat devrait permettre de piloter au mieux l'alimentation hydrique et minérale de la plante et ainsi de la maintenir dans des conditions optimales de croissance. Il est ainsi nécessaire d'évaluer la quantité d'eau que le substrat utilisé est capable de retenir contre la pression exercée par les racines et la pesanteur. De même, une diminution du contenu volumique en eau implique une diminution de la conductivité hydraulique et une augmentation de la succion. Ainsi, la croissance de la plante cultivée en hors sol dépend étroitement des propriétés physiques du substrat de culture utilisé.

La laine de roche en pains de 7.5 cm compte parmi les substrats qui ont la plus grande teneur en eau et la plus faible teneur en air. Comme elle assure une réserve hydrique notable avec une faible rétention matricielle de l'eau, elle convient très bien aux cultures hors sol.

Cette étude nous a permis en premier lieu de modéliser l'écoulement dans le substrat de culture, ceci en empruntant le principe de superposition des écoulements simples (source et puits) de la théorie des écoulements potentiels. Pour satisfaire les conditions aux limites, le problème de Darcy correspondant à une injection ponctuelle et un point de drainage localisé a été traité analytiquement. Cette méthode a donné une illustration des lignes de courant, du champ de vitesse ainsi que la forme du bulbe d'irrigation. Les résultats obtenus sont validés avec des résultats expérimentaux.

Conclusion.

En second lieu de simuler la dynamique de l'eau et des solutés dans deux types de laine de roche : Floriculture à haute densité et Expert à basse densité. Ceci par le biais d'un programme numérique écrit en langage Fortran, se basant sur la méthode des volumes finis pour l'eau et la méthode explicite pour le soluté. Les résultats obtenus ont été validés par le CFD et s'avèrent satisfaisants.

On s'est intéressé à étudier la distribution de l'humidité en deux dimensions suivant le temps, aussi on a pu localiser les zones saturées en dessous des zones d'apport, c'est-à-dire au niveau des goutteurs et à la partie inférieure du pain de laine de roche, par contre les zones sèches sont localisées entre les zones d'apport et juste au dessus de la zone de drainage.

En comparant les deux types de laine de roche, on peut conclure que l'humidité dans la laine de roche de type Floriculture est supérieure à celle du type Expert. Les zones saturées sont plus larges dans le type Floriculture que le type Expert, donc la laine de roche de haute densité (Floriculture) garde un grand pourcentage d'eau par rapport à celle de faible densité (Expert).

En ce qui concerne la distribution de la concentration du soluté (Nitrate) pour les deux types de laine de roche, on constate que la concentration est maximale au niveau des goutteurs due à l'apport continu de solution, elle diminue en se dirigeant vers le bas du substrat pour atteindre sa valeur minimale.

La concentration du soluté pour les couches supérieures dans le type Floriculture est toujours inférieure à celle de l'expert, contrairement aux couches inferieures où la concentration dans le type Floriculture est toujours supérieure à celle de l'expert, ceci est dû principalement aux différences d'humidité, de densité et de porosité entre ces deux substrats de culture.

Cette étude démontre comment le modèle de simulation peut largement réduire le nombre d'expériences et nous aide à trouver des stratégies intermédiaires à travers différents scénarios. Elle permet aussi de situer les zones où les racines de la plante peuvent se développer facilement.

Comme perspectives, cette étude peut être complétée par la prise en considération des termes d'absorption hydrique et minérale de la plante. Aussi, la simulation réalisée en deux dimensions peut être élargie en trois dimensions.

Ce travail peut être exploitée par les agronomes en vue d'une éventuelle application.

Références bibliographiques

Andre, J.P., 1987. Propriétés chimiques des substrats. Les cultures hors sol, Ouvrage collectif dirigé par Denis Blanc, pp. 127-147.

Baille, 1989. Automatisation et pilotage de l'irrigation sous serre. INRA- Station de bioclimatologie d'Avignon Montfavet, Publication interne, 10p.

Ballas, S. et Garnier, D., 1991. La gestion de l'irrigation par ordinateur. Cahiers du CNIH, 18, pp 5-12.

Barraclough, P.B. et P.B, Tinker., 1981. The determination of ionic diffusion coefficients in field soils. I. Diffusion coefficients in sieved soils in relation to water content and bulk density. Journal of soil science 32: 225-236.Ca, 169p. Academic Press New York, London.

Bear, J., 1972. Dynamics of fluids in porous media. American Elsevier publishing company, inc., 764 pp.

Bear, J. et Verruijt, A., 1987. Modeling groundwater flow and pollution. With computer programs for sample cases. D. Reidel Publishing Company, Dordrecht, The Nertherlands, 414p.

Blanc, D., 1985. Les cultures hors sol. Ouvrage collectif dirigé par Denise Blanc, les a.t.p. de l'INRA, Paris, France, 409p.

Bolt, G.H., 1982. Movement of solutes in soil: principles of adsorption/exchange chromatography. IN: G.H. Bolt (ed.), Soil chemistry. B. Physico-chemical models: Elsevier Scientific Publishing Company, Amsterdam, The Netherlands, p. 285-348

Bottraud, J.C., 1980. Relations entre la composition micromorphologique des tourbes et leurs comportements hydrique, mécanique et physico-chimique. DDA-ENSA Montpellier, 52p.

Bougoul, S., 1996. Etude d'écoulements salins dans des milieux fibreux saturés utilisés en substrat de culture, Thèse de doctorat en sciences; Université de Nice. France.

Bougoul, S. et Boulard, T., 2006. Water dynamics in two rockwool slab growing substrates of contrasting densities. Scientia Horticulturae. 107, 399-404.

Bougoul, S., Ruy, S., de Groot, F. et Boulard, T., 2005. Hydraulic and physical properties of stonewool substrates in horticulture. Scientia Horticulturae. 104, 391-405.

Bougoul, S. et Titouna, D., 2010. Study of a nutrient solution flows in a saturated rockwool slab using the model of sources and sinks. Transport in porous media, volume 85, number 2, pages 477-487.

Bougoul, S., Brun, R. et Jaffrin, A., 1999. Nitrate absorption-concentration of *Rosa hybrida*
cv. Sweet Promise grown in soilless culture. Agronomie 20 (2000) 165–174. INRA, EDP Sciences.

Boulard, T. et Jamaa, R., 1993. Greenhouse tomato crop transpiration model ; application to irrigation control. Acta Horticulturae, 335, pp 381-387.

Buckingham, E., 1907. Studies on the movement of soil moisture. Bull. 38. USDA, Bureau of Soils, Washington D.C.

Brun, E. A., Martinot-Lagarde, A. et Mathieu, J., 1968. Mécanique des fluides, tome II, Exemples pratiques d'écoulement isovolumes, mouvements avec potentiels des vitesses. Dunod. Paris.

Brun, R. et Blanc, D., 1987. Cinétique de l'absorption hydrique composition ionique des substrats. Les cultures hors sol, Ouvrage collectif dirigé par Denis Blanc, pp. 203-220.

Brun, R. et Urban, L., 1995. Le rosier hors sol, Les dossiers INRA, n°11 février 1995, pp 20-21.

Brun, R., Settembrino, A. et Vion, P., 1992. Gestion de la nutrition minérale et hydrique du rosier en culture hors sol : A tout fleurs, Trimestriel - N°7 - Juillet 92, pp 6-8.

Calvet, R., 2003. Le sol propriétés et fonctions, tome2. Phénomènes physiques et chimiques applications agronomiques et environnementales. Editions France Agricole, 511p.

CFD2000/STORMv 3.45. 1999. CFD systems. Pacific Sierra Corp., USA.

Chilton, K., Concannon, A. et Devonald, V., 1978. A comparison of the early growth and nitrogen uptake of tomatoes in peat and park based composts, Acta Horticulturae, 82, p. 23-30.

Da Silva, F., Wallach, R. et Chen, Y., 1995. Hydraulic properties of rockwool slabs used as substrates in horticulturae. Acta Horticulturae, 401, pp 71-75.

Darcy, H., 1856. Détermination des lois d'écoulement de l'eau à travers le sable. p. 590-594. Les fontaines publiques de la ville de Dijon. Dalmont, Paris.

De Boodt, M., Verdonck, O. et De Vleeshchauwer, D., 1981. Argex, a valuable growing medium for plants, Acta Horticulturae, 126, p.65-68.

De Graff, R., 1988. Automatisation of water supply of glasshouse crops by means of calculationg the transpiration and mesuring the amount of drainage water. Acta Horticulturae, 229, pp 219-231.

De Willigen, P. and M. van Noordwijk, 1987. Roots, plant production and nutrient use efficiency, Phd Thesis, Agricultural University, Wageningen, The Netherlands, 282p.

De Willigen, P. and M. van Noordwijk, 1994 a. Mass flow and diffusion of nutrients to a root with constant or zero-sink uptake I. Constant uptake. Soil Science 157: 162-170.

De Willigen, P. and M. van Noordwijk, 1994 b. Mass flow and diffusion of nutrients to a root with constant or zero-sink uptake II. Zero-sink uptake. Soil Science 157: 171-175.

Domenico, P.A. et Schwartz, F.W., 1990. Physical and Chemical Hydrogeology. John Wiley and Sons, New York, 807 pp.

Dron, R. et Brivot, F., 1977. Bases minéralogiques de la sélection des pouzzolanes. Bull. Liaison. Labo. P. et Ch., 92 pp. 105-112.

Feddes, R. A., Kowalik, P.J. et Zaradny, H., 1978. Water uptake by plant roots. Pp 16-30. John Wiley sons, Inc., New York.

Fonteno, W. C., D. K, Cassel. et R. A, LARSON., 1981. Physical properties of three container media and their effect of poinsettia growth. J. Amer. Soc. Hort. Sci. 106(6) 736-741.

Fournier, G., 1979. Comportement physique et mécanique de quelques substrats et mélanges utilisés en horticulture. Mémoire fin d'études ENITH Angers, 29p.

Geofray, J.M. et Valladeau, R., 1977. Morphologie et couleur de pouzzolanes. Bull. Liaison Labo. P. et Ch., 92 pp. 91-94.

Gras, R., 1985. Propriétés physiques du substrat. Les cultures hors sol, Ouvrage collectif dirigé par Denis Blanc, pp. 78-126.

Heinen, M., 1997. Dynamics of water and nutrients in closed, recirculating cropping systems in glasshouse horticulture with special attention to lettuce grown in irrigated sand beds. Ph.D. Thesis. Wageningen University, Wageningen, The Netherlands, 270pp.

Hewitt, E. J., 1966. Sand and water culture methods used in the study of plant nutrition, CAB n°22, 2ème edition, Maidstone, Kent, 547 p.

Heymans, P., 1980. The development of the Argex/leca clay pellets, ISOSC Proceeding, p. 307-311.

Hopkins, W. G., 1999. Water relations of the whole plant. In introduction to plant physiology. Ed. Hopkins, W. G. p 37-59. John Wiley Sons, Inc., New York.

Jaffrin, A., 1992. Que ce passe t-il dans le substrat d'une culture de rosiers en hors sol? Revue A tout fleurs; 8 octobre 1992.

Jeannequin, B., Brun, R., Guimbard, C. et Corre, J., 1987. Les systèmes de culture hors sol en maraîchage. Les cultures hors sol, Ouvrage collectif dirigé par Denis Blanc, pp. 251-280.

Jinquan, W., Renduo, Z. et Shengxiang, G., 1999. Modeling soil water movement with water uptake by roots. Plant Soil 215, 7-17.

Kiffer, O., 1992. Hydraulic response of Cultiléne rockwool substrate. DEA Report, University of Nice, France, 95pp.

Leij, F., M. Th. Van Genuchten., S.R. Yates., W.B. Russel. and F. Kaveh., 1992. RETC: A computer program for analyzing soil water retention and hydraulic conductivity data. IN: M. Th. Van Genuchten, F.J. Leij and L.J. Lund (eds). Indirect methods for estimating the hydraulic properties of unsaturated soils. University of California, Riverside, Ca 92521, USA, p. 263-272.

Lemaire, F., Dartigues, A. et Riviere, L.M., 1980. Properties of substrates with ground pine bark, Acta Horticulturae, 99, p. 67-80.

Lesaint, C., 1987. Analyse critique des systèmes de culture hors sol avec et sans recyclage des solutions. Dans "Les cultures hors sol"; édité par D. Blanc; INRA, Paris. 409p.

Longuenesse, J.J. et Brun, R., 2004. Distribution of root density and root activity within rockwool slabs. Greensys Congress, AGENG 2004, Louvain September 13-17.

Marion, P., 1982. Recherche d'un nouveau substrat pour les cultures hors sol en mottes. DDA-ENSA Montpellier, 58p.

Mermier, M., Samie, C. et De Ville, O., 1970. Premières mesure d'évaporation sous serre. PHM, Revue horticole, 103, pp 187-196.

Moinereau, J., Hermann, P., Favrot, J.C. et L.M, Riviere., 1985. Les substrats- inventaires, caractéristiques, ressources. Les cultures hors sol, Ouvrage collectif dirigé par Denis Blanc, pp. 15-77.

Monnier, G., 1975. Caractérisation physique et mécanique des substrats artificiels de culture, C.R. DGRST, INRA Avignon, 10 p.

Mualem, Y., 1976. A new model for predicting the hydraulic conductivity of unsaturated porous media. Water Resources. Research. 12, 513-522.

Muller, J., 1971. Effets des amendements organiques, tourbes, écorces de résineux et de feuilles sur l'évolution de l'azote minéral. C.R. Acad. Agric., LVII, p. 1123-1134.

Musy, A. et Soutter, M., 1991. Physique du sol. Presses polytechniques et universitaires Romandes. 348p.

Nzakimuena, T., 1987. Ecoulements dans les milieux poreux. Institut interaméricain de coopération pour l'agriculture. 136p.

Patankar, S V., 1979. A calculation procedure for two-dimensional elliptic situations, Num. Heat Transfer, vol. 2.

Patankar, S V., 1980. Numerical Heat Transfer and Fluid Flow. Hemisphere Publishing Corporation, New York. 197pp.

Prasad, R., 1988. A linear root water uptake model. .J. Hydrol. 99, 297-306.

Raats, P. A. C., 1992. A superclass of soils. P. 45-51. In M. Th. Van Genuchten, F. J. Leiji and L. J. Lund (eds.) Proc. Int. Worksh. Indirect methods for estimating the hydraulic properties of unsaturated soils, Riverside, Ca, 11-13 Oct. 1989.

Ravoux, M. et Peter, A., 1973. Caractéristiques physico-chimiques des tourbes, perspectives d'exploitation dans le massif central. Rapport BRGM, SGN 414 MCE, 17p.

Richards, L.A., 1931. Capillary conduction of liquids through porous mediums. Physics. 1: 318-333.

Riviere, L.M., 1980. Importance des caractéristiques physiques dans le choix des substrats pour les cultures hors sol, PHM, Revue Horticole, 209, p. 23-27.

Ryming, I.L., 1985. Dynamique des fluides. Presses polytechniques romandes, Lausanne.7, 447p.

Simunek, J., T. Vogel. et M.Th. Van Genuchten., 1994. The SWMS_2D code for simulating water flow and solute transport in two-dimensional variably saturated media. Research Report 132, US Salinity Laboratory, ARS, USDA, Riverside.

Spalding, D. B., 1972. A novel finite difference formulation for differential expressions involving both first and second derivation. Int. J. Num. Methods eng., vol. 4, p. 551.

Titouna, D. et Bougoul, S., 2011. (Accepted) Simulation model of water and solute transport in two types of rockwool. Journal of plant nutrition. Francis and Taylor group.

Urban, L., 1997. Introduction à la production sous serre : l'irrigation fertilisante en culture hors sol, tome 2. Techniques et documentation. 210p.

Vallee, C. et Billodeau, G., 1999. Les techniques de culture en multicellule, ouvrage préparé en collaboration avec Gégep régional de Lanaudière à Joliette, les presses de l'université Laval, Canada, 379p.

Van Genuchten, M.T., 1980. A closed-form equation for predicting the hydraulic conductivity of unsaturated soils. Soil Science Society of America Journal, 44: 892-898.

Veschambre, D., Vaysse, P. et Espanel, G., 1982. Utilisation de l'écorce de pin maritime comme substrat de culture légumière, PHM Revue Horticole, 226, p. 47-50.

Verdure, M., 1981. Culture sur laine de roche aux pays bas, PHM, Revue Horticole, 213, p. 49-58.

Verwer, F.L. et Welleman, J.J.C., 1980. The possibilities of Grodan rockwool in horticulture, ISOSC Proceeding, p. 263-277.

Zuang, H. et al., 1979. Cultures maraîchères sur pouzzolane ; bilan de quinze années d'essais de cultures. INVUFLEC, Ballandran, 30 p.

Liste des figures

125

Listes des figures.

Chap 4 : Mouvement du soluté dans le substrat de culture, théorie et implémentation numérique.

126

* 9 7 8 3 8 3 8 1 7 6 9 9 4 *